파이썬을 이용한

통계수학

권세혁 지음

자유아카데미

사랑하는 미현, 예지 & 레이너에게

머리말 PREFACE

4차 산업혁명 시대에서 통계학은 데이터 사이언스의 핵심 학문으로 자리 잡고 있다. 이에 따라 통계 관련 전공자는 데이터 속에서 유의미한 패턴을 발견하고 해석할 수 있는 인사이트를 갖추어야 하며, 이를 위해 수학적 지식은 필수적이다.

데이터 인사이트를 도출하는 데 필요한 주요 수학 분야로는 함수와 미적분, 선형대수, 행렬대수 등이 있다. 그러나 시중의 수학 서적들은 방대한 내용과 높은 난이도 때문에 데이터 사이언스 전공자가 실무에 적용하기에는 다소 부담스러울 수 있다. 또한, 정리와 증명 위주의 구성으로 인해 실제 데이터 분석 과정에서 수학 개념이 어떻게 활용되는지를 이해하는 데 어려움이 있을 수도 있다.

이 책에서는 데이터 사이언스에 필요한 수학 개념과 이론의 실용적 활용에 중점을 두었다. 특히, 수학 개념이 데이터 분석 과정에서 어떻게 응용되는지를 다양한 예제를 통해 살펴보고, Python을 활용한 실습을 통해 실무 적용 능력을 높일 수 있도록 구성하였다. Python은 데이터 분석, 머신러닝, 인공지능(AI) 분야에서 가장 널리 사용되는 프로그래밍 언어로, 강력한 데이터 처리 및 수치 해석 기능을 갖추고 있어 통계 및 데이터 사이언스 학습에 최적화된 도구이다.

이 책은 총 5장으로 구성되어 있다. 1장에서는 통계수학의 기초 개념과 함께 Python을 활용하는 방법을 소개하였고, 2장에서는 함수와 극한의 개념을, 3장에서는 미분의 원리와 응용을 다뤘다. 4장에서는 적분의 개념과 활용을 설명하였고, 마지막 5장에서는 행렬과 선형대수를 통해 데이터 분석에서의 응용 방법을 제시하였다.

최선을 다해 이 책을 집필했지만 부족한 부분이 있을 수도 있다. 출간 이후 수정이 필요한 사항은 자유아카데미 홈페이지(www.freeca.com) 자료실을 통해 제공할 예정이니 참고하기를 바란다.

끝으로, 학문의 즐거움을 함께 나누며 성실히 강의를 수강한 한남대학교 학생들과 출간을 허락해 주신 자유아카데미 출판사에도 깊은 감사의 마음을 전한다. 이 책이 통계와 데이터 사이언스를 공부하는 많은 이들에게 유익한 길잡이가 되기를 바란다.

2025년 3월

권세혁

차 례 CONTENTS

Chapter 04 | 적분

Chapter 05 | 행렬

Chapter 01

개요

Chapter 1

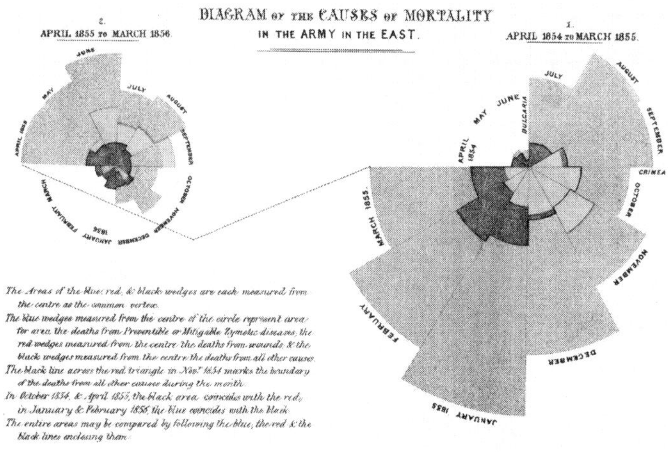

1.1 통계학이란?

통계학은 데이터를 체계적으로 수집, 분석, 해석하여 특정 개체나 집단에 대한 특성을 이해하는 학문으로, 다양한 관점에서 관찰되는 현상들에 대한 깊은 통찰을 제공한다. 이 과정은 기본적으로 메타데이터(metadata)에서 시작되며, 메타데이터는 관찰하고자 하는 개체에 대한 배경 정보를 포함하고 있다. 이를 통해 연구자는 관심 있는 대상을 정의하고 그 특성을 규명하는 데 필요한 정보를 수집하게 된다.

1 자료 수집 (Data Collection)

연구 또는 실험에서 관심 집단에 대한 필요한 데이터를 체계적으로 수집하는 단계이다. 설문조사, 실험, 관찰, 측정 등 다양한 방법을 통해 데이터를 얻을 수 있다. 이 단계에서 중요한 것은 신뢰할 수 있는 메타데이터를 확보하는 것이다. 메타데이터는 데이터의 구조, 맥락, 속성 등을 설명하는 데이터를 의미한다.

2 자료 정리 및 요약 (Data Organization and Summarization)

수집된 데이터를 표, 그래프, 통계 지표 등을 사용하여 체계적으로 정리하고 요약하는 과정이다. 데이터를 쉽게 이해하고 분석할 수 있도록 가공하는 단계로, 기술 통계(Descriptive Statistics)를 주로 사용한다.

3 자료 분석 (Data Analysis)

정리된 데이터를 바탕으로 통계적 방법을 사용하여 패턴을 찾고, 가설을 검증하며, 의미 있는 결론을 도출하는 단계이다. 이 단계에서는 추론 통계(Inferential Statistics) 기법을 사용하여 모집단에 대한 추정이나 예측을 하게 된다.

4 결론 도출 및 의사결정 (Conclusion and Decision Making)

분석 결과를 바탕으로 연구 문제에 대한 결론을 내리고, 이를 토대로 의사결정을 하는 단계이다. 통계적 결과는 정책 수립, 경영 전략, 과학적 연구 등 다양한 분야에서 중요한 근거로 사용된다.

통계 과정

H 대학교 재학생의 한달 용돈은 어느 정도인가?

수집	재학생 전체, 모집단을 조사하면 비용과 시간 면에서 효율적이지 않으므로 200명을 임의 추출하여 조사하고 이를 표본이라 한다.
정리	조사된 200명의 인구사회학적 항목(성별, 대학별)에 대한 빈도와 관심 항목인 용돈에 대한 기초통계량, 평균과 분산 등을 계산한다.
분석	계산된 기초 통계량을 이용하여 재학생 전체의 용돈 평균을 추정한다.
표현	용돈 평균에 대한 신뢰구간을 구하고 성별, 대학별 용돈 평균을 그래프나 표로 정리하여 발표한다.

다음은 통계학에 대한 많은 정의 중 일부이다.

- [Webster's Dictionary] 통계학은 숫자 데이터를 수집, 정리, 분석, 표현에 관련된 일련의 과정에 관한 학문으로 수학의 한 분야이다.
- [Kendall and Stuart] 통계학은 모집단의 특성(확률변수)을 세거나 측정하여 얻어진 데이터를 다루는 과학의 한 분야이다.

- [위키피디아] 통계학은 관심 집단이나 실험과 관련된 수치 데이터를 효과적으로 활용하는 학문이다.
- [Ott] 통계학은 데이터에 관한 학문이다.
- [Anonymous] 통계학은 미지의 세계를 안내하는 길잡이다.

위의 정의에서 볼 수 있듯이 통계학은 데이터를 적절히 요약하고 정리하고(기술), 이를 이용하여 모집단의 특성에 대한 정보를 얻는(추론) 일련의 과정이다. 즉 통계학은 모집단의 관심 항목을 기술하고 관심 모수에 대한 추론에 대한 학문이다.

1.2 통계학 기원

구약성서의 민수기에는 이스라엘 백성의 광야 생활 전후 두 차례에 걸쳐 인구 조사가 기록되어 있다. 로마 황제 툴리우스(Tullis)는 세금 징수를 위해 5년마다 로마 시민의 인구 조사를 실시했으며, 이후 카이사르(Caesar)는 이를 로마 제국 전역으로 확대하여 보다 효과적인 세금 징수 체계를 구축하였다. 총조사를 의미하는 '센서스(Census)'라는 용어는 라틴어 'censura'에서 유래하며, 이는 세금을 뜻한다. 한편, 통계학을 의미하는 'Statistics'의 어원은 라틴어 'status'에서 비롯되었으며, 이는 국가를 의미한다. 이처럼 통계학은 초기부터 국가 운영과 유지에 필요한 수단으로 활용되었다.

17세기 이전까지 통계 조사는 주로 인구 규모를 파악하는 데 중점을 두었으나, 17세기에 이르러 영국에서 출생률과 사망률에 대한 체계적인 조사가 시작되었다. 이는 통계학적 데이터의 적용 범위가 점차 확대되었음을 보여주는 중요한 전환점이었다. 특히, 크리미아 전쟁 중 활동한 간호사 플로렌스 나이팅게일(Florence Nightingale)은 통계학적 기법을 의료 분야에 도입한 선구적인 인물로 평가받는다. 그녀는 전쟁 중 사망자 수와 사망 원인을 시각적으로 나타낸 'Polar Diagram'(아래 그림 참고)을 작성하여, 통계 자료를 활용한 의사결정의 중요성을 강조했다. 나이팅게일의 이러한 시도는 공중보건 및 의료 통계의 발전에 크게 기여하였으며, 통계학이 사회 문제 해결에 실질적으로 기여할 수 있는 학문적 도구임을 증명한 사례로 손꼽힌다. 이처럼 통계학은 단순한 수치 집계에서 벗어나, 다양한 사회 현상의 분석과 예측에 활용되는 중요한 학문으로 자리 잡기 시작하였다.

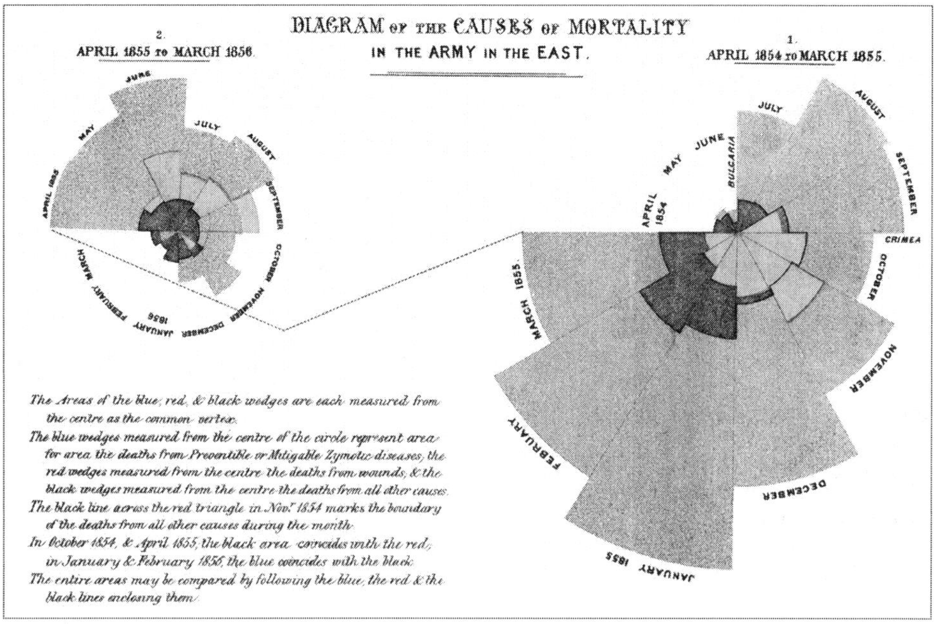

사회조사는 19세기 후반부터 본격적으로 사회과학자들에 의해 연구와 실무에 도입되기 시작하였다. 특히, 칼 마르크스(Karl Marx)는 1880년에 프랑스 노동자 2만 5천명을 대상으로 그들의 정치적 태도와 성향을 파악하기 위한 우편 조사를 시행한 바 있다. 이는 대규모 사회조사의 초기 사례 중 하나로, 사회 과학에서 양적 조사 방법의 중요성을 부각시킨 시도였다. 또한, 막스 베버(Max Weber)는 직접 관찰과 면접을 통한 조사 연구를 통해 노동자의 심리, 태도, 직업관을 심층적으로 분석하였다. 그의 연구는 사회 현상을 이해하는 데 있어 정성적 조사 방법론의 중요성을 제시한 중요한 기여로 평가된다.

20세기에 들어서면서, 미국에서는 사회조사 방법론에 대한 연구가 활발히 이루어졌다. 특히, 미국 통계국(Bureau of Census)은 표본 추출 및 자료 수집 방법의 개선에 중점을 두어, 보다 정교한 사회조사 기법을 발전시켰다. 이와 함께 갤럽(Gallup)과 로퍼(Roper)와 같은 사회여론 조사 기관은 대중의 의견을 측정하기 위한 다양한 방법론을 도입하고 발전시켰다. 이러한 연구들은 현대 사회과학의 핵심적인 조사 방법론의 기초를 마련하였으며, 통계학적 기법이 사회과학 연구에 본격적으로 도입되는 계기가 되었다.

추론 통계의 근간을 이루는 확률 이론과 게임 이론은 중세의 종교적, 도덕적 제약으로 인해 그 발전이 상당히 지연되었다. 그러나 17세기에 이르러 수학자 피에르 드 페르마(Pierre de Fermat)와 블레즈 파스칼(Blaise Pascal)이 이러한 장벽을 극복하고 확률 계산에 기여하기 시작했다. 1754년, 두 수학자는 한 친구의 요청에 따라 2인 게임에서 승리할 확률을 계산하는 문제를 해결하기 위해 파스칼의 삼각형을 제안하였다. 이 도구는 이후 확률론과 조합론에서 중요한 역할을 하게 된다.

예를 들어, 승률이 동일한 두 팀이 7전 4선승제로 결승전을 치르던 중, 팀 A가 2승, 팀 B가 1승을 거둔 상황에서 기상 악화로 경기가 중단되었다고 가정한다. 이 경우, 남은 경기를 치르지 않고 상금을 공정하게 배분해야 한다. 파스칼의 삼각형의 세 번째 행(1, 2, 1)을 이용하면, 세 게임의 결과를 반영하는 확률은 4로 계산되며, 그 중 팀 A가 우승할 확률은 3/4, 팀 B가 우승할 확률은 1/4로 계산된다. 따라서, 상금은 팀 A에게 3/4, 팀 B에게 1/4로 배분하는 것이 합리적이다.

파스칼의 삼각형은 이러한 확률 계산뿐만 아니라, 이항 정리에서 이항전개(binomial theorem)의 계수 값을 계산하는 데도 널리 활용된다. 이를 통해 확률과 통계 분야에서 중요한 기법들이 수학적으로 체계화되었으며, 현대 추론 통계의 기초가 마련되었다. 이러한 발전은 복잡한 사회적 문제를 수리적으로 해결할 수 있는 토대를 제공하며, 통계학이 다양한 분야에서 실질적인 도구로 자리 잡는 데 기여하였다.

(이항전개) $(a+b)^3$ 을 전개하면 $a^3+4a^2b+4ab^2+b^3$가 된다(파스칼 삼각형 4번째 행).

```
        1
       1 1
      1 2 1
     1 3 3 1
    1 4 6 4 1
  1 5 10 10 5 1
```

파스칼 삼각형 활용

❶ 7전 4선승 경기에서 네 게임(팀A 3승, 팀B 1승)을 치른 후 더 이상 경기를 할 수 없다. 이 경우 팀 A의 상금 배분을 어떻게 해야 하는가?

풀이 4번 게임을 하였기에 4번째 행(전체 합은 8)을 이용하고 팀 A가 3번 승리하였으므로 (1+2+4)=7을 가져 $\frac{7}{8}$의 상금을 갖는다.
팀 A가 승리할 확률$=\{A\}+\{BA\}+\{BBA\}=\frac{1}{2}+(\frac{1}{2})(\frac{1}{2})+(\frac{1}{2})(\frac{1}{2})(\frac{1}{2})=\frac{1}{2}$이고
팀 B가 승리할 확률은 $\frac{1}{8}$이다.

❷ $(a+b)^4$을 전개하시오.

풀이 파스칼 삼각형 5번째 행을 이용하면
$(a+b)^4=a^4+4a^3b+6a^2b^2+4a^1b^3+b^4$.

❸ $(a+b)^5$ 을 전개 시 a^2b^3의 계수 값을 구하시오.

풀이 파스칼 6번째 행의 4번째(a의 차수가 5에서 2가 되기 위한 차수 축소 단계 수) 열의 수 10인 계수이다.

Phthon 파스칼 삼각형

```
def generate_pascals_triangle(n):
    triangle = []

    for i in range(n):
        row = [1] * (i + 1)  # 각 행의 처음과 끝은 1로 초기화
        for j in range(1, i):  # 중간 숫자 계산
            row[j] = triangle[i-1][j-1] + triangle[i-1][j]
        triangle.append(row)

    return triangle

def print_triangle(triangle):
    for row in triangle:
        print(' '.join(map(str, row)).center(len(triangle[-1])*2))

n = int(input("파스칼 삼각형의 높이를 입력하세요: "))
pascals_triangle = generate_pascals_triangle(n)
print_triangle(pascals_triangle)
```

```
파스칼 삼각형의 높이를 입력하세요: 10
          1
         1 1
        1 2 1
       1 3 3 1
      1 4 6 4 1
    1 5 10 10 5 1
   1 6 15 20 15 6 1
 1 7 21 35 35 21 7 1
 1 8 28 56 70 56 28 8 1
 1 9 36 84 126 126 84 36 9 1
```

확률 이론의 발전은 통계학의 기초를 다지는 데 중요한 역할을 하였으며, 이는 여러 수학자들의 기여를 통해 이루어졌다. 특히, 야코브 베르누이(Jacob Bernoulli)는 확률의 법칙과 이론을 체계적으로 정리하였고, 이는 이후 통계학의 기초가 되었다. 또한, 아벨 드 모르(Abraham de Moivre)는 확률과 통계의 개념을 발전시키며, 이항분포와 정규 분포 사이의 관계를 탐구하였다. 이러한 초기 연구들은 확률론의 기초를 형성하였으며, 사회 현상과 과학적 사고를 통해 얻어진 논리적 접근 방식을 통계학에 통합하는 계기가 되었다.

후에, 안드레이 콜모고로프(Andrey Kolmogorov)는 확률 이론을 수학적으로 엄밀하게 정립하며, 현대 확률론의 기초를 세웠다. 그의 작업은 확률의 공리적 기초를 마련하여, 확률론이 보다 체계적이고 논리적으로 발전할 수 있는 기반을 제공하였다. 이러한 이론적 기초는 사회현상 분석에서 통계적 방법론의 활용을 더욱 용이하게 하였다.

특히, 천문학자인 카를 프리드리히 가우스(Carl Friedrich Gauss)는 행성 간 거리의 연구 과정에서 측정 오차의 분포를 분석하며 정규분포(Normal distribution) 개념을 도출하였다. 그는 오차가 독립적이고 동일하게 분포할 경우, 측정값의 분포가 정규 분포에 근접한다는 사실을 발견하였다. 이는 관측 데이터 분석 및 통계적 추론에서 중요한 이론적 기초로 자리 잡았다.

가우스의 정규분포는 자연 현상뿐만 아니라 사회 현상에서도 광범위하게 나타나는 경향을 반영하며, 통계학적 방법론이 다양한 분야에 적용될 수 있는 가능성을 보여준다. 이러한 통계적 접근은 데이터 분석, 가설 검증, 예측 모델링 등 여러 영역에서 활용되며, 현대 통계학의 발전에 지대한 영향을 미쳤다.

유전학자 F. Galton은 부모의 키와 자녀의 키 사이의 관계를 연구하면서 회귀분석의 개념을 도입하였다. Galton의 연구는 통계학의 발전에 중요한 기여를 했으며, 특히 부모와 자녀 간의 상관관계를 정량적으로 분석할 수 있는 기반을 마련했다. 통계학자 K. Pearson은 Galton의 아이디어를 발전시켜 아들 키와 아버지 키 간의 선형함수의 계수를 계산하는 방법으로 최소 자승법(Least Squares Method)을 제안하였다. 이 방법은 회귀분석에서 가장 널리 사용되는 기법으로, 관측값과 회귀선 간의 오차 제곱의 합을 최소화하는 방식으로 회귀 모델을 최적화한다.

독일의 맥주 공장 공장장 W. Gosset은 작은 표본 크기를 다룰 때 정규분포를 따르지 않는 경우를 자주 경험했다. 이를 해결하기 위해 그는 t-분포를 제안하였으며, 이 분포는 작은 표본의 통계적 분석에 적합하다. Gosset은 Student라는 필명으로 논문을 발표하여 t-분포의 개념을 널리 알렸다.

사람의 지적 능력을 측정하는 여러 분야(예: 클래식, 수학, 발견, 영어, 프랑스어, 음악)를 그룹화하려는 방법으로 Spearman은 요인분석(Factor Analysis) 방법을 제안하였다. 요인 분석은 다양한 변수들 간의 상관관계를 분석하여 이들을 설명할 수 있는 잠재적인 요인을 추출하는 방법이다.

이러한 역사적 발전들은 통계학이 단순한 수치적 분석을 넘어, 인문, 사회, 자연 현상에 대한 심층적인 이해를 제공하는 강력한 도구로 자리 잡게 했다. 통계학은 다양한 이론과 방법론을 통해 데이터를 활용하여 현상을 설명하거나 그 진위 여부를 판단할 수 있는 기초를 마련하였으며, 이는 과학적 연구와 정책 수립 등 다양한 분야에서 그 중요성이 지속적으로 강조되고 있다. 이처럼 통계학은 시대와 사회의 요구에 맞추어 끊임없이 발전하고 있으며, 그 기초는 역사적 발견과 이론의 축적에 뿌리를 두고 있다.

자연과학은 우리 주변 현상을 이해하려는 노력으로 (1) 현상을 기술하거나 (2) 일정한 규칙을 발견하고 (3) 이론과 법칙을 정립하는 과정이다. 현상을 주목하고 경험적인 관찰을 통한 논리적 설명을 한다. 사회과학은 일정한 규칙을 발견하는 것은 쉽지 않으며 인간은 이를 의식적으로 탈피하려는 경향이 있어 일반적인 모형을 적용하는 것에 대한 이견이 적지 않다. 그럼에도 일정한 규칙을 발견하려는 노력은 계속되고 있고 이에 다양한 통계적 방법론이 사용되고 있다.

사회 현상을 이해하고 해석하는데 통계학을 사용할 수 있다는 가능성을 보여준 사람이 벨기에 통계학자 A. Quetelet(19세기 초)이다. 20세기부터 사회 현상에 대한 정확한 서술은 계량화하고 생각한 부류와 행동주의 등이 활발히 연구되었다. 연구 과정과 모형화는 경험적 관찰이나 이론을 바탕으로 연구 가설을 정립한다. 다양하고 적절한 방법(관찰, 관측, 실험, 설문조사, 발표 자료 수집)으로 데이터를 수집하여 가설의 진위를 판단한다. 가설을 정립할 때는 추상적인 개념을 구체화하고 정형화, 수량화(계량화)하는 작업이 필요하다.

1.3 통계학 종류와 방법론

ASA(American Statistical Association)는 통계학을 "데이터 수집, 분석, 표현에 대한 수리적 원리의 과학적 응용"으로 정의하고 있다. 이에 따라 통계학자는 조사 및 실험 설계, 데이터 수집, 처리 및 분석, 그리고 결과 해석에 있어서 수리적이고 통계적인 지식을 활용하여 과학적 의문에 기여하는 전문가이다.

이러한 정의는 통계학이 단순히 데이터를 다루는 기술이 아니라, 다양한 분야에서 의사결정과 문제 해결을 지원하는 중요한 학문임을 강조한다. 통계학자는 데이터를 통해 의미 있는 정보를 도출하고, 그 결과를 바탕으로 신뢰할 수 있는 결론을 제시하여 연구와 실무의 기반을 다지는 역할을 한다.

1.3.1 기술통계학과 추론통계학

통계학은 크게 기술통계학(Descriptive Statistics)과 추론통계학(Inferential Statistics)으로 나눌 수 있다. 기술통계학은 모집단 전체 또는 표본(모집단의 일부)으로부터 얻은 데이터에 대한 숫자 요약, 기초 통계량 계산, 그래프 요약 등을 포함하여 관심 대상에 대한 유용한 정보를 생산하는 분야이다. 이를 통해 데이터의 특성과 분포를 시각적으로 이해할 수 있게 된다.

반면, 추론통계학은 표본으로부터 얻은 정보를 바탕으로 모집단의 특성(모수)을 추정하거나 검정하는 분야이다. 이 과정에서는 요약된 통계량이나 그래프를 활용하여 설정된 특성(변수)들의 함수 관계의 진위 여부를 판단한다. 즉, 추론통계학은 표본 데이터를 통해 모집단에 대한 일반화된 결론을 도출하는 데 중점을 두고 있다.

기술통계학과 추론통계학

H 대학교 재학생의 한달 용돈 평균

기술 통계학	표본 학생 200명의 한달 용돈 평균 353,430원, 표준편차는 51,770.7원, 범위는 211,517원 ~ 491,768원이었다. 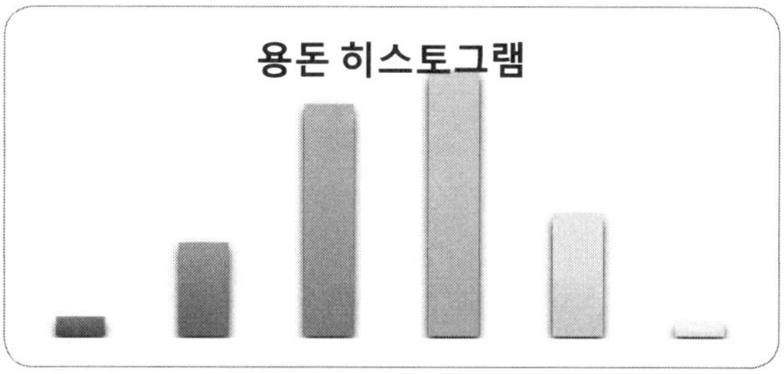
추론 통계학	재학생 전체의 용돈 평균은 353,430원이다(추정값). 95% 신뢰구간은 $(353,430 \pm 1.96\frac{51,70.7}{\sqrt{200}})$이다.

1.3.2 확증적 데이터분석과 탐색적 데이터분석

통계 방법론은 크게 두 가지 접근법인 CDA(Confirmatory Data Analysis, 확증적 데이터 분석)와 EDA(Exploratory Data Analysis, 탐색적 데이터 분석)로 나눌 수 있다. 이 두 방법론은 데이터 분석의 목적과 접근 방식에서 상이한 특징을 보인다.

확증적 데이터 분석(CDA)은 Popper(1955)가 주장한 연역적 방법에 기초하고 있다. Popper는 "이론은 직관에 의해서만 얻어질 수 있다"고 언급하며, 연역적 방법의 타당성을 강조하였다. CDA의 주요 특징은 다음과 같다.

1. 가설 설정: 이론이나 경험에 기반하여 연구자가 가설을 수립합니다. 이러한 가설은 특정한 예측을 담고 있다.
2. 데이터 수집: 수립된 가설을 검증하기 위해 적절한 데이터를 체계적으로 수집한다.
3. 검증 과정: 수집된 데이터를 사용하여 이론의 타당성을 검증한다. 이 과정에서는 통계적 검정 및 모델링 기법을 활용하여 가설을 평가한다.

탐색적 데이터 분석(EDA)은 J. Tukey가 1977년에 제안한 귀납적 방법에 기반하고 있다. EDA의 주요 목표는 데이터에서 숨겨진 패턴과 정보를 발견하는 것이다. EDA는 두 가지 방법론을 포함한다.

1. **데이터 요약:** 수집된 데이터에서 의미 있는 정보를 찾기 위해 숫자 요약과 그래프를 사용한다. 이를 통해 데이터의 분포, 경향 및 관계를 시각적으로 표현할 수 있다.
2. **데이터 재표현:** 원본 데이터를 보다 유용하게 만들기 위해 데이터를 재표현(re-expression)하여 새로운 정보를 얻는 방법이다. 이는 데이터를 변형하거나 추가적인 변수 생성 등을 통해 이루어질 수 있다.

CDA와 EDA는 통계 방법론에서 각기 다른 접근 방식을 제공하여, 데이터 분석의 목표에 따라 적합한 방법을 선택할 수 있도록 한다. 확증적 데이터 분석은 이론 검증에 중점을 두고, 탐색적 데이터 분석은 데이터의 잠재적 정보를 발견하는 데 초점을 맞추고 있다. 이러한 두 방법론은 통계학의 중요한 기초를 형성하며, 데이터 분석의 다양한 측면을 이해하는 데 필수적이다.

1.4 통계학 도구

1.4.1 데이터

데이터는 관심 대상의 개체(사람, 기업, 국가, 동식물 등)에 대한 정보를 포함하는 원시 형태 또는 비정형 형태의 숫자나 문자 모임으로 정의된다. 데이터는 일반적으로 행(row)과 열(column)로 구성되며, 여기서 각 행은 개체를 나타내고, 각 열은 확률변수를 나타낸다.

데이터는 다음과 같은 다양한 방법을 통해 수집될 수 있다:

- **측정 (Measure):** 특정 속성이나 특성을 수치적으로 평가하는 과정.
- **관측 (Observe):** 개체의 행동이나 상태를 주의 깊게 살펴보는 과정.
- **조사 (Survey):** 질문지를 사용하여 개체로부터 정보를 수집하는 과정.
- **실험 (Experiment):** 변수의 조작을 통해 결과를 관찰하는 과정.

또한, 데이터는 신뢰성이 높은 기관에 의해 생산되고 공표되는 통계를 통해서도 얻을 수 있다.

좋은 데이터의 특성은 다음과 같다.

- **측정 목적의 명확성:** 데이터 수집의 목적이 분명히 서술되어야 하며, 연구의 필요성을 이해할 수 있어야 한다.
- **수집 과정 문서화:** 데이터 수집 과정에 대한 세부 내용이 문서화되어 있어야 하며, 이는 데이터의 신뢰성과 재현성을 높인다.
- **데이터 관리 및 품질 유지:** 수집된 데이터의 관리 방법과 품질 유지 방안이 명시되어 있어야 한다. 이는 데이터가 지속적으로 유효하고 신뢰할 수 있는 상태를 유지하도록 돕는다.

이러한 정의를 통해 데이터는 단순한 숫자와 문자의 집합이 아니라, 연구와 의사결정의 기초가 되는 중요한 자원임을 알 수 있다.

데이터는 개체에 대한 관심 특성인 변수(variable)와 개체의 변수 측정값인 관측값(observation)으로 구성된다. 변수는 대문자 알파벳 X, Y, Z 등으로 표현되며, 관측값은 소문자 알파벳과 첨자 x_i,y_i,z_i등으로 표기된다. 데이터의 형태는 크게 두 가지로 나뉜다:

❶ 측정형 데이터 (Metric Data)

측정형 데이터는 실수 또는 정수로 관측되는 양적 데이터로, 다시 두 가지 하위 유형으로 나눌 수 있다.

- **구간형 데이터 (Interval Data):** 데이터 간의 차이를 측정할 수 있지만, 절대적인 영점이 없는 경우를 말한다. 예를 들어, 온도는 구간형 데이터에 해당하며, 0도는 절대 영점이 아니다.
- **비율형 데이터 (Ratio Data):** 데이터 간의 차이뿐만 아니라 비율도 의미가 있는 경우로, 절대적인 영점이 존재한다. 예를 들어, 길이나 무게는 비율형 데이터로, 0은 측정할 수 없는 상태를 의미한다.

❷ 분류형 데이터 (Categorical Data)

분류형 데이터는 문자형으로 관측되는 비수치적인 데이터로, 이 또한 두 가지 하위 유형으로 나뉜다:

- **명목형 데이터 (Nominal Data):** 데이터 간에 순서가 없고, 단순히 서로 다른 범주로 구분되는 경우를 말한다. 예를 들어, 성별(남성, 여성)이나 혈액형(A형, B형 등)이 이에 해당한다.
- **순서형 데이터 (Ordinal Data):** 데이터 간에 순서가 있는 경우를 의미하지만, 그 간격은 일정하지 않다. 예를 들어, 만족도 조사(매우 불만족, 불만족, 보통, 만족, 매우 만족)가 순서형 데이터에 해당한다.

이러한 데이터 구성 요소와 형태를 이해하는 것은 통계 분석의 기초가 되며, 각 데이터 유형에 적합한 분석 방법을 선택하는 데 중요한 역할을 한다.

1.4.2 수학

통계학의 이론이나 방법들은 사회, 자연 현상을 연구하는 연구자들의 과학 이론에 대한 검증을 위하여 제안되고 발전하였다. 숫자의 모임인 데이터를 통하여 정보를 얻거나 추론을 하게 되므로 통계학의 방법론들은 수리에 관한 학문인 수학 이론 및 전개를 기초로 한다. 수학적 지식은 통계학 이론을 이해하는 데 도움이 되며, 자료분석과 결과해석을 위한 논리적 사고를 갖게 하므로 통계 전공자는 수리적 사고를 가져야 한다. 또한 통계학은 천문학, 물리학의 실험 데이터 분석, 수학의 확률 및 분포 이론으로부터 통계적 방법론이 제안되고 발전되었으므로 통계 전공자에게 수학적 지식은 꼭 필요하다.

통계방법론은 사회, 자연 현상에 대한 정보를 얻기 위하여 개발되었고 소프트웨어 발달로 인하여 통계 비전문가라도 데이터로부터 정보(숫자요약, 그래프, 추론결과)를 용이하게 얻을 수 있으나 적절한 분석 방법을 사용하고 올바른 결과 해석을 하려면 통계적 지식이 필요하다. 통계학은 숫자의 모임인 데이터로부터 정보를 얻는데 관련된 학문으로 통계적 방법론은 수학 이론 및 전개를 기초로 한다.

그러므로 수학적 지식은 통계학 이론을 이해하는 데 도움이 되며 자료 분석과 결과 해석을 위한 논리적 사고를 갖게 하므로 통계 전공자가 수리적 사고를 가져야 한다.

또한 통계학은 천문학, 물리학의 실험 데이터 분석, 수학의 확률 및 분포 이론으로부터 통계적 방법론이 제안되고 발전되었으므로 통계 전공자에게 수학적 지식은 필요하다. 수학은 데이터 사이언스 전문가가 갖추어야 할 창의력과 논리력을 길러준다.

1.4.3 컴퓨터

컴퓨터의 발달은 사용자의 보편화, 대용량 데이터 처리 능력 향상, 응용 소프트웨어 발달로 이어지게 된다. 통계 소프트웨어도 통계 계산 분석을 용이하게 한다.

수리적 한계 극복: 복잡한 수학 방정식의 해 혹은 근사 해를 구한다.

시뮬레이션: 사회 현상이나 실험을 컴퓨터에서 실현하여 결과를 예측한다.

컴퓨터의 발달은 통계학 활용(연관) 분야를 지속적으로 넓혀 Data warehousing(데이터 수집 및 저장) ▶ Data mining(데이터 마트 및 컴퓨팅 활용 분석기법) ▶ Big Data(3V, 속도, 다양성, 대용량 데이터) ▶ Data Science(데이터 과학)등 컴퓨팅과 통계학이 결합되어 가고 있다.

1.5 파이썬 활용

파이썬(Python)은 1991년 네덜란드계 소프트웨어 엔지니어인 귀도 반 로섬이 발표한 고급 프로그래밍 언어이다. 인터프리터(interpreter)를 사용하는 객체지향 언어이고 플랫폼에 독립적인 동적 타이핑 대화형 언어이다. 파이썬 이름은 귀도가 좋아하는 코미디인 〈Monty Python's Flying Circus〉에서 따온 것이며 로고에는 뱀 두 마리가 형상화되어 있다. 간결하고 읽기 쉬운 문법이 특징인 프로그래밍 언어로 데이터 분석, 웹 개발, 인공지능 등 다양한 분야에서 활용된다. 파이썬은 비영리의 파이썬 소프트웨어 재단이 관리하는 개방형, 공동체 기반 개발 모델을 가지고 있다(위키피디아).

파이썬은 간결하고 읽기 쉬운 문법으로 인해 많은 개발자들에게 인기 있는 프로그래밍 언어 중 하나이다. 다양한 분야에서 사용되며 웹 개발, 데이터 과학, 인공 지능, 자동화, 게임 개발 등 다양한 용도로 활용되며 아래는 파이썬의 주요 특징과 기능에 대한 간단한 소개이다(Chat-GPT 이용).

1. **간결하고 가독성 뛰어난 문법:** 파이썬은 읽기 쉽고 간결한 문법을 가지고 있어 코딩이 간편하다.
2. **다양한 라이브러리와 프레임워크:** 파이썬은 다양한 라이브러리와 프레임워크가 풍부하여 웹 개발(Django, Flask), 데이터 과학(NumPy, pandas), 머신러닝

(TensorFlow, PyTorch) 등 다양한 분야에서 활용 가능하다.

3. **크로스 플랫폼 지원:** Windows, macOS, Linux 등 다양한 운영체제에서 동작하므로 환경에 구애 받지 않는다.
4. **대화형 인터프리터:** 대화형 모드를 지원하여 한 줄 단위로 코드를 실행하고 결과를 바로 확인할 수 있습니다.
5. **동적 타이핑:** 변수의 자료형을 선언하지 않고도 자동으로 타입을 결정하는 동적 타이핑을 지원합니다.
6. **커뮤니티와 문서:** 파이썬은 활발한 개발자 커뮤니티와 풍부한 문서를 가지고 있어 학습 및 문제 해결이 용이합니다.

다음은 Chat-GPT에게 "파이썬에 대하여 알려줘" 질문하여 얻은 내용(앞에 정리)과 함께 출력된 파이썬 코드이다. Copy code 부분을 클릭하여 설치한 파이썬의 코드 셀에 복사하기 하여 실행하면 코드 결과 셀에 출력된다.

```python
print("Hello, World!")
```

1.5.1 구글 코랩 설치하기

사이트(https://www.python.org/)에서 다운 받아 설치하거나 아나콘다와 주피터 환경에서 파이썬을 사용할 수 있다. 아나콘다는 파이썬 인터프리터뿐만 아니라 주요 데이터 과학 및 수학 라이브러리들이 포함되어 있어 아나콘다를 설치하면 파이썬 및 관련 라이브러리들을 쉽게 설정할 수 있고 환경 관리가 간편하다. 주피터 노트북은 대화형 컴퓨팅 및 데이터 시각화를 위한 오픈 소스 웹 애플리케이션으로 코드, 텍스트, 그래픽 등을 하나의 문서로 통합하여 작업할 수 있어 데이터 분석, 기계 학습 모델 개발, 교육, 연구 등에 사용된다. 아나콘다에는 주피터 노트북이 기본으로 포함되어 있어 아나콘다를 설치하면 주피터 노트북도 사용할 수 있다.

본 저서에서는 구글이 제공하는 구글 코랩 환경에서 파이썬을 이용할 것이다. 구글 코랩은 구글이 제공하는 무료 클라우드 기반의 주피터 노트북 환경으로 구글 드라이브에서 무료로 사용할 수 있다. 구글 드라이브는 구글에서 제공하는 클라우드 기반

파일 저장 및 공유 서비스로 온라인으로 파일을 저장하고 필요한 위치에서 언제든지 액세스할 수 있다. 다음은 구글 드라이브의 기능을 정리한 것이다.

1. **저장 및 동기화:** 구글 드라이브를 사용하면 문서, 사진, 동영상 등 다양한 유형의 파일을 안전하게 저장하고 여러 기기(컴퓨터, 휴대폰, 패드 등) 간에 동기화할 수 있다.
2. **온라인 문서 편집:** 구글 드라이브에는 구글 문서, 스프레드시트, 프레젠테이션 등의 온라인 편집 도구가 포함되어 있어 여러 사용자가 동시에 문서를 편집하고 공유할 수 있다.
3. **공유 및 협업:** 파일 및 폴더를 다른 사용자와 쉽게 공유할 수 있다. 공유된 문서를 함께 편집하거나 댓글을 남길 수 있어 효과적인 협업이 가능하다.
4. **구글 코랩 과 구글 드라이브:** 코렙에서는 코드 작성, 실행, 분석, 시각화 등을 수행하고, 이러한 작업을 위한 코드 및 데이터는 구글 드라이브에 저장하고 구글 드라이브에 저장된 머신러닝 프로젝트나 데이터는 구글 코랩을 통해 손쉽게 열람하고 수정할 수 있다. 구글 드라이브는 파일 저장 및 협업을 위한 클라우드 서비스이며, 구글 코랩은 온라인에서 머신러닝 및 데이터 분석을 위한 환경을 제공하는 도구이다.

다음 순서에 의해 구글 드라이브에서 구글 코랩을 이용하여 파이썬을 이용할 수 있다.

순서 ① http://drive.google.com 구글 드라이브에 접속하여 구글 계정으로 로그인한다.

순서 ② 로그인 하면 My Drive 폴더가 열리는 첫 화면을 만난다. 어디에도 파이썬 관련 내용을 찾을 수 없다. + New 을 클릭하여 파이썬 이용할 수 있는 Google Colaboratory 을 클릭한다.

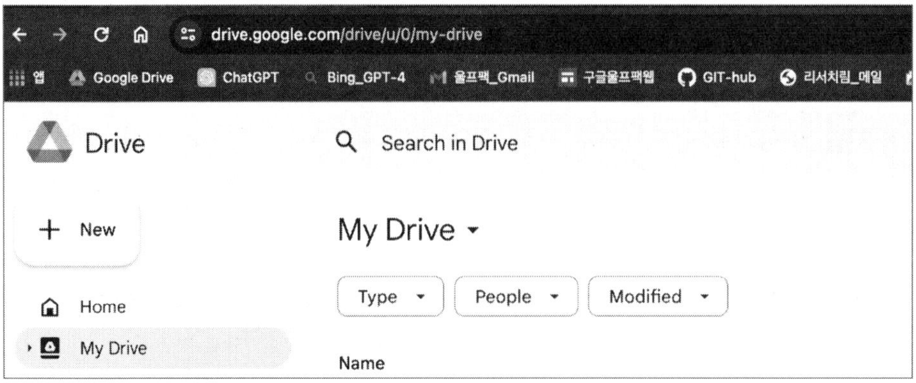

순서 ③ 최초 구글 드라이브에 접속하면 + New 메뉴에는 Google Colaboratory 메뉴가 없으므로 + Connect more apps 을 눌러 설치해야 한다.

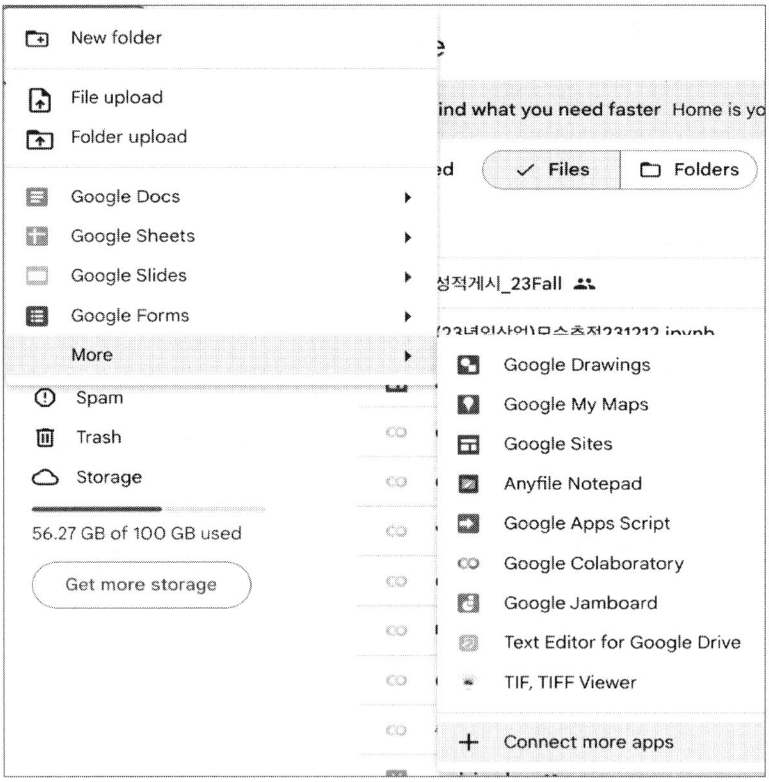

순서 ④ 구글 엡 스토어에 접속되면 찾기 공간에 "Colaboratory" 입력하여 아래와 같이 엡이 나타나면 "설치안됨" 부분을 눌러 설치하면 위와 같이 구글 코렙 엡이 나타난다.

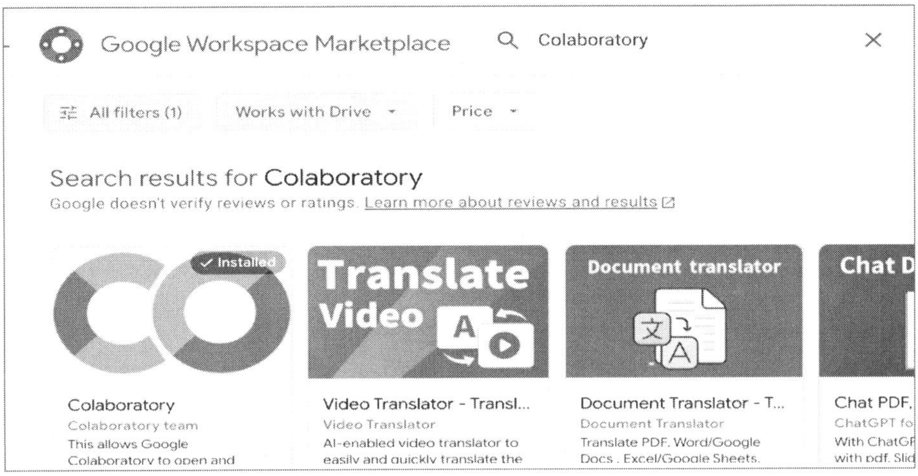

1.5.2 시작하기

구글 드라이브에 로그인 하면 다음 화면이 나타난다. ✓ Folders 을 클릭하면 폴더 정보가 나타나고 난다.

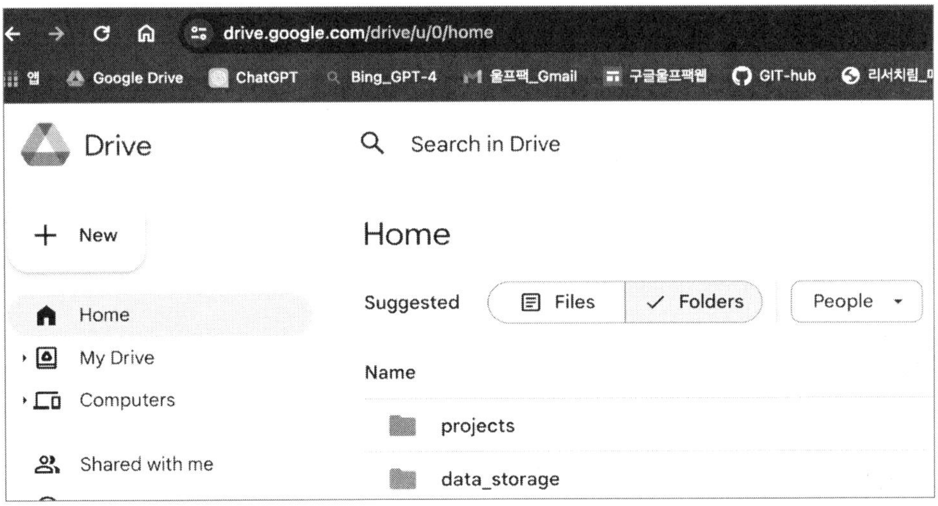

파이썬 코드(구글 코랩의 확장자는 *.ipynb)을 작성하고 싶은 폴더로 이동하여 을 + New 클릭한 후 Google Colaboratory 을 눌러 실행한다. “Untitled0.ipynb” 이름의 코드가 생기고 코드를 입력하는 코드 셀이 하나 생긴다. 만약 코드 이름을 바꾸고 싶다면 Untitled0.ipynb 공간을 눌러 파이썬_실습.ipynb 으로 수정하면 시작 폴더에 “파이썬_실습.ipynb” 코드가 저장된다. 에는 구글 코랩 예제

데이터(sample_data) 폴더와 개인 드라이브 내에 저장된 데이터를 보여주는 drive 폴더가 있다. 만약 drive 폴더가 나타나지 않으면 [icon]을 눌러 개인 드라이브를 코랩 클라우드에 Mount 해야 한다.

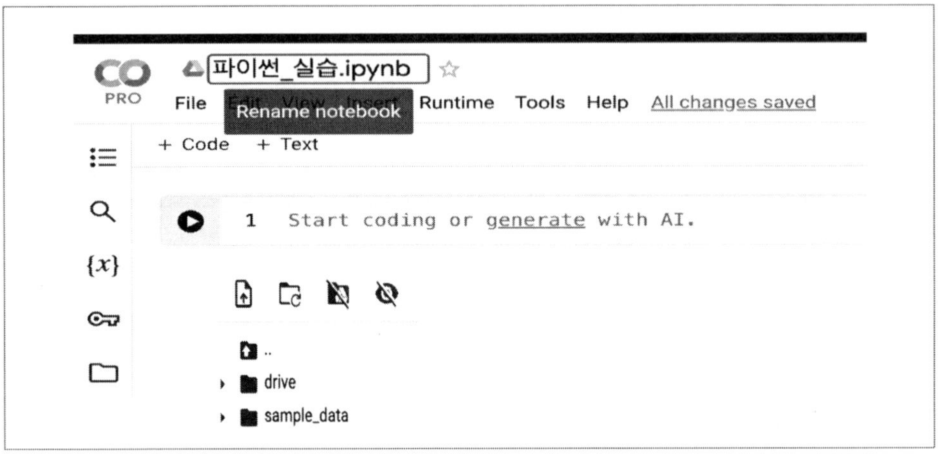

1.5.3 맛보기

C언어는 코드 종료 시 세미콜론(;)을 사용하지만 파이썬은 행을 변경하면 된다. 행을 변경하지 않고 세미콜론을 사용해도 무방하나 줄을 바꾸어 코드 가독성을 높이는 것을 권한다. 제어문이나 함수 정의의 경우 코드 구문 끝에는 콜론(:)을 적고 다음 행은 들여쓰기를 하여 코드를 입력해야 한다. 파이썬은 편의성을 위하여 콜론을 입력하고 엔터키를 누르면 자동으로 들여쓰기를 한다.

for( ) 예제

```
for i in range(5):
    print(i)
```

```
0
1
2
3
4
```

- ✓ 셀에 코드를 입력하고 [▶]을 클릭하거나 ctrl + enter 누르면 코드가 실행되고 결과는 출력 창에 나타난다.
- ✓ 함수 range(5): 0, 1, 2, 3, 4 정수 생성
- ✓ 함수 print(i): i 값을 화면 출력한다.
- ✓ for 문: range(5)에 생성된 값을 차례로 i에 반환한다.

if( ) 예제

```
x=13
if x//2==0:
    print("짝수")
else:
    print("홀수")
```

```
홀수
```

✓ 연산자 b//a : 숫자 b을 a로 나눈 나머지 값을 반환한다.

✓ 연산자 A==B : A와 B가 동일하면 True, 상이하면 False을 반환한다.

✓ If(조건): 코드1 else: 코드2 : 조건이 참 True이면 코드1을 실행하고 거짓이면 코드2를 실행한다.

1.5.4 파이썬 기본

파이썬 모듈은 자주 사용하는 코드를 구조화하고 재사용 가능하게 만드는 방법 중 하나로 모듈은 파이썬 파일(.py)로 구성되며, 변수, 함수, 클래스 등을 포함할 수 있다. 이러한 모듈은 다른 파이썬 프로그램에서 불러와 사용할 수 있으며 내장된 모듈을 사용할 때는 import 사용한다.

본 저서가 다루는 통계수학에서 주로 사용하면 모듈을 정리하면 다음과 같다.

1) **math 모듈:** 수학적인 계산을 수행하기 위한 함수와 상수들을 제공한다.

math 모듈 예제

```
import math
math.sqrt(2)
```

```
1.4142135623730951
```

✓ 제곱근을 구하는 함수 sqrt( )는 math 모듈에 들어 있어 $\sqrt{2}$을 구할 때는 math 모듈을 먼저 불러와야 한다.

```
import math
x=math.sqrt(2)
x
```

```
1.4142135623730951
```

✓ 저장공간이름=결과: =을 기준으로 우측의 결과가 좌측 저장공간에 저장된다.

✓ 저장된 내용은 이름만 적어주면 화면 출력된다.

✓ 파이썬 함수, 변수, 데이터 이름 등은 대소문자 구별하여 사용하여야 한다.

```
import math
math.Sqrt(2)
```

```
---------------------------------------------------------------------------
AttributeError                            Traceback (m
<ipython-input-4-2bf25533a023> in <cell line: 2>()
      1 import math
----> 2 math.Sqrt(2)

AttributeError: module 'math' has no attribute 'Sqrt'
```

2) numpy 모듈: 파이썬에서 과학 계산을 위한 강력한 라이브러리로 다차원 배열과 행렬을 다루는 도구를 제공한다. 선형 대수, 통계, 수학 함수 등 다양한 기능을 포함하고 있어, 데이터 분석, 머신러닝, 과학 연구 등 다양한 분야에서 널리 사용된다.

math 모듈 예제

```
import numpy as np

# 1차원 배열
arr1 = np.array([1, 2, 3])
# 2차원 배열(행렬)
arr2 = np.array([[1, 2, 3], [4, 5, 6]])

print(arr1)
print(arr2)
```

```
[1 2 3]
[[1 2 3]
 [4 5 6]]
```

✓ 1차원 배열, 벡터와 행렬을 정의한다.

```
#배열 평균
np.mean(arr1)
```

```
2.0
```

```
[3]
#2차 배열 전치
np.transpose(arr2)
```

```
array([[1, 4],
       [2, 5],
       [3, 6]])
```

✓ 배열의 평균을 구한다.

✓ 차수 (2×3) 행렬 전치는 차수 (3×2) 행렬이다.

```
#난수 생성
np.random.rand(3, 2)
```

```
array([[0.92401189, 0.25955504],
       [0.98895692, 0.13527163],
       [0.5348531 , 0.0385289 ]])
```

✓ 차수 (3×2) 난수 행렬을 만든다. 난수는 (0,1) 사이의 임의의 실수이다.

3) **scipy 모듈**: 과학 및 공학 계산을 위한 라이브러리로 numpy를 기반으로 하여 다양한 기능과 알고리즘을 제공한다. 선형 대수, 최적화, 신호 및 이미지 처리, 통계 등 다양한 분야에서 사용되며 고급 수학 및 과학적인 작업을 지원한다.

4) 파이썬에서는 scipy 라이브러리에 있는 통계 관련 함수들을 scipy.stats 모듈을 통해 사용한다. scipy.stats 모듈은 통계와 확률 분포에 관련된 다양한 함수와 클래스를 제공하는 모듈이다. 이 모듈은 SciPy 라이브러리의 일부로서, 고급 통계 기능을 제공한다. 주요 기능에는 확률분포, 통계 테스트, 기술 통계 및 회귀분석이 포함되어 있다.

- 확률분포함수(Probability Distribution Functions): 다양한 확률분포에 대한 확률밀도함수(PDF) 및 누적분포함수(CDF) 등을 제공한다.
- 통계 테스트(Statistical Tests): 다양한 통계적 가설 검정을 수행할 수 있는 함수들이 포함되어 있다.
- 순위통계 및 기술통계(Rank Statistics and Descriptive Statistics): 데이터의 순위를 계산하거나, 기술 통계량을 계산하는 함수들이 있다.
- 회귀분석(Regression Analysis): 회귀분석을 수행하는 함수들이 있다.

scipy 모듈 예제

```
#선형대수
from scipy.linalg import inv, det
A = np.array([[1, 2], [3, 4]])
inv(A), det(A)

```

```
(array([[-2. ,  1. ],
        [ 1.5, -0.5]]),
 -2.0)
```

✓ 행렬 A의 역행렬과 행렬식을 계산한다.

```python
#최적화
from scipy.optimize import minimize

def f(x):
    return x**2 + 4*x + 4

rslt = minimize(f, x0=2)
rslt.x
```

```
array([-2.00000001])
```

✓ 함수 $y=x^2+4x+4$을 최소화하는 x을 구한다. 해를 구하는 방법이 Newton-Raphson 방법으로 구하여 정해진 허용오차 범위에 들어가는 값을 해로 출력하여 -2가 아니라 -2.00000001이다.

```python
import sympy as sym
x = sym.Symbol('x')
sym.solveset( x**2 + 4*x + 4,x)
```

$\{-2\}$

✓ sympy 모듈은 Symbolic 수학을 위한 파이썬 라이브러리로, 대수적인 계산을 지원한다. 숫자 대신 기호를 사용하여 수학적인 식을 표현하고, 이를 통해 대수적인 연산을 수행하는 방법이다.

```python
#정규분포 누적확률값, 역누적확률값
from scipy.stats import norm
print(norm.cdf(1.96, loc=0, scale=1))
print(norm.ppf(0.95, loc=0, scale=1))
```

```
0.9750021048517795
1.6448536269514722
```

✓ $P(X \le 1.96 | X \sim N(0,1))$ 확률은 0.975이다.

✓ $P(X \le k \mid X \sim SN) = 0.95$을 만족하는 k=1.645이다.

1.6 알아두기

1.6.1. Greek 문자

다음은 통계학에서 기호로 자주 사용되는 Greek 문자와 그의 발음표이다.

소문자	α	β	γ	δ	ε	ζ	η	θ
대문자	A	B	Γ	△	E	Z	H	Θ
발음	alpha	beta	gamma	delta	epsilon	zeta	eta	theta
소문자	ι	κ	χ	λ	μ	ν	ξ	ο
대문자	I	K	X	Λ	M	N	Ξ	O
발음	iota	kappa	chi	lambda	mu	nu	xi(ksi)	omicron

소문자	π	ρ	σ	τ	υ	ϕ	ψ	ω
대문자	Π	Ρ	Σ	Τ	Υ	Φ	Ψ	Ω
발음	pi	rho	sigma	tau	upsilon	phi	psi	omega

1.6.2. 특수한 상수

기호	읽기	내용
π	파이, pi	원주율, 3.1415926535···

Phthon

```
import math
math.pi
```

```
3.141592653589793
```

기호	읽기	내용
exp(x), e^x	지수 exponential	$e = 2.71828...,\ e^2 = e \times e$ $e = \lim_{n \to \infty}\left(1 + \frac{1}{n}\right)^n$

Phthon

```
import math
math.e, math.exp(2)
```

```
(2.718281828459045, 7.38905609893065)
```

e = 2.718, e^2 = 7.7389.

```
for n in [1000,5000,50000]:
    print((1+1/n)**n)
```

```
2.7169239322355936
2.718010050101555
2.718254646126732
```

n = 50000이 되면 2.71825로 exp(1) 참 값과 소수점 이하 4자리까지 동일하다.

기호	읽기	내용
$\log_a(x)$	로그 ax	밑이 (base) a, 승수가 (power) x인 로그 $x = a^y \Leftrightarrow y = \log_a(x)$

Phthon

```python
import math
math.log2(3), 2**math.log2(3)
```

```
(1.584962500721156, 3.0)
```

$\log_2 3 = 1.585, 2^{\log_2 3} = 3$

log(x) ln(x)	상용로그 x 자연로그 x	Common log, 밑이 10 Natural log, 밑이 e

Phthon

```python
math.log(math.e), math.log10(10)
```

```
(1.0, 1.0)
```

$\ln(e) = 1, \log_{10} 10 = 1.$

$\sqrt{x} = x^{1/2}$ $\sqrt[k]{x} = x^{1/k}$	제곱근 k 제곱근	제곱할 때 x인 값 k 제곱하여 x인 값

Phthon

```python
math.sqrt(2),2**(0.5),2**(1/3)
```

```
(1.4142135623730951, 1.4142135623730951, 1.2599210498948732)
```

$\sqrt{2} = 1.414, \sqrt[3]{2} = 1.2599.$

감마함수

n이 정수인 경우 감마함수(gamma function)는 다음과 같이 정의된다.

$$\Gamma(n) = \int_0^\infty x^{n-1} e^{-x} dx = (n-1)!$$

(특수한 값)

- $\Gamma(5) = 4! = 24$, $\Gamma(2) = 1$, $\Gamma(1) = 0! = 1$
- $\Gamma\left(\frac{1}{2}\right) = \sqrt{\pi} = 1.77245...$, $\Gamma(n + \frac{1}{2}) = \binom{n-0.5}{n} n!\sqrt{\pi}$
- $\Gamma\left(\frac{1}{3}\right) = 2.67893...$
- $\Gamma\left(\frac{1}{4}\right) = 3.62560...$

Phthon

```
from mpmath import gamma
float(gamma(0.5)),math.pi**(0.5),int(gamma(5))
```

```
(1.772453850905516, 1.7724538509055159, 24)
```

$\Gamma(0.5) = 1.772, \Gamma(5) = 4! = 24.$

조합과 순열

순열(permutation)은 서로 다른 n개의 개체 중 r개를 뽑아 순서대로 정렬하는 경우의 수이다.

$$P(n,r) = n\mathrm{Pr} = \frac{n!}{(n-r)!}$$

조합(combination)은 서로 다른 n개의 개체 중 r개를 뽑는 경우의 수이다.

$$C(n,r) = nCr = \frac{n!}{(n-r)!r!}$$

순열, 조합

❶ 1~9까지의 숫자로 서로 다른 세 자리 숫자를 만들 수 있는 경우의 수를 구하시오.

풀이 | $9\times8\times7=504$

❷ 다섯 명의 입사 지원자 중 두 명을 임의 선발할 때 선발될 수 있는 가지 수를 구하시오.

풀이 | $\binom{5}{2}=10$

❸ 일곱 명의 입사 지원자 중 여자 세 명, 남자 네 명이다. 여자에서 한 명, 남자에서 두 명을 선발할 때 만들어질 수 있는 경우의 수를 구하시오.

풀이 | $\binom{3}{1}\binom{4}{2}=18$

Phthon

```
import math
9*8*7, math.comb(5,2), math.comb(3,1)*math.comb(4,2)
```

```
(504, 10, 18)
```

1.6.3 특수한 시리즈

이항 시리즈(binomial series)

$(a+b)^n = {}_nC_0 a^n b^0 + {}_nC_1 a^{n-1} b^1 + {}_nC_2 a^{n-2} b^2 + \ldots + {}_nC_n a^0 b^n$, n은 정수

(특수한 경우)

- $(1+x)^{-1} = 1 - x + x^2 - x^3 + x^4 + \ldots$
- $(1+x)^{-2} = 1 - 2x + 3x^2 - 4x^3 + 5x^4 + \ldots$

이항 시리즈

❶ $(3x-2y)^7$ 의 전개식에서 x^4y^3 의 계수를 구하시오.

❷ $(2x-9y)^{100}$ 의 전개식에서 $x^{45}y^{55}$ 의 계수를 구하시오.

Phthon

```
import math
math.comb(7,4), math.comb(100,45)
```

```
(35, 61448471214136179596720592960)
```

지수함수 시리즈

- $e^x = 1 + x + \frac{x^2}{2!} + \frac{x^3}{3!} + \ldots$ (Taylor Series, 미분에서 자세히 설명함)
- $e^x = \lim_{n\to\infty}(1+\frac{x}{n})^n$
- $\ln(1+x) = x - \frac{x^2}{2} + \frac{x^3}{3} - \frac{x^4}{4} + \cdots, \quad -1 < x < 1$

Phthon

```
#Taylor series e^2
import math
n=100
e_to_2 = 0
for i in range(n):
    e_to_2 += 2**i/math.factorial(i)
print(e_to_2)
print(math.exp(2))
```

```
7.389056098930649
7.38905609893065
```

지수함수 시리즈

❶ e^{3x} 의 전개식을 구하자.

풀이 $e^{3x} = (e^x)^3 = \left(1 + x + \frac{x^2}{2!} + \frac{x^3}{3!} + \cdots\right)^3$

❷ e^{x+2} 의 전개식을 구하자.

풀이 $e^{x+2} = e^2(1 + x + \frac{x^2}{2!} + \frac{x^3}{3!} + \cdots)$

❷ e^{x+2} 함수에서 x = 3일 때 값을 구하자. 전개식을 이용(for() 문을 이용하고 반복은 1,000번)하여 구하고 계산기에 의해 구한 값과 비교하자.

```
import math
x=1
for k in range(1,100):
 x=x+5**k/math.factorial(k)
print(x)
```

148.41315910257657

```
import math
math.exp(5)
```

148.4131591025766

** 산술 시리즈(arithmetic sequence) 등차수열

$$a + (a + d) + (a + 2d) + ... + (a + (n-1)d) = \frac{1}{2}n(2a + (n-1)d)$$

* a는 초기값(initial value), 증가값 d는 등차(equal difference value)라 정의한다.

(특수한 경우)

- $1 + 2 + ... + n = \frac{1}{2}n(n+1)$
- $1 + 3 + 5 + .. + (2n-1) = n^2$

등차수열

❶ $3 + 6 + 9 + ... + 99$ 합을 구하자.

풀이 $n = 33, d = 3$ 이므로 $\frac{1}{2}33(2 \times 3 + 32 \times 3) = 1683$

❷ $2 + 4 + 6 + ... + 300$ 을 구하자.

Phthon

```
1  np.array(range(3,100,3)).sum()
```

```
1683
```

```
[82]  1  np.array(range(2,301,2)).sum()
```

```
22650
```

•• 기하 시리즈(geometric sequence) 등비수열

$a + ar + ar^2 + ... + ar^{n-1} = \frac{a(1-r^n)}{(1-r)}$ (유한, Finite)

* a는 초기값(initial value), 증가곱 r은 등비(equal difference)라 한다.

(참고) $a + ar + ar^2 + ... = \frac{a}{(1-r)}$, (무한, infinite 단, $-1 < r < 1$)

등비수열

❶ $3 + 9 + 27 + ... + 177147$ 합을 구하자.

풀이 | $n = 11$ 이므로 $\frac{3(1-3^{11})}{1-3} = 265719$

❷ $1 + 0.5 + 0.25 + 0.125 + ...$을 구하자. for( ) 문을 이용하여 계산된 결과를 확인하자. 반복은 100번 하자.

❸ $\frac{1}{2} + \frac{1}{6} + \frac{1}{18} + \frac{1}{54} + ..$을 구하자. $a = \frac{1}{2}$, $r = \frac{1}{3}$을 이용한다.

풀이 | $\frac{1/2}{1-1/3} = \frac{3}{4}$

Phthon

```
import math
n=math.log10(177147)/math.log10(3)
r=3;a=3
a*(1-r**n)/(1-r)
```

```
265719.0
```

```
a=1;r=0.5
a/(1-r)
```

```
2.0
```

```
x=1
for k in range(1,100):
 x=x+0.5**k
print(x)
```

```
2.0
```

(특수한 경우)

- $1^2+2^2+...+n^2=\dfrac{n(n+1)(2n+1)}{6}$
- $1^3+2^3+...+n^3=\dfrac{n^2(n+1)^2}{4}=(1+2+...+n)^2$

•• Taylor 시리즈

함수 $f(x)$가 미분 가능하다면(3장 미분 참고) 임의의 상수 a에 대해 다음이 성립한다.

$$f(x)=f(a)+f'(a)(x-a)+\frac{f''(a)(x-a)^2}{2!}+\frac{f'''(a)(x-a)^3}{3!}+...$$

만약 상수 $a=0$이면,

$$f(x)=f(0)+f'(0)x+\frac{f''(0)x^2}{2!}+\frac{f'''(0)x^3}{3!}+... \quad \text{(Maclaurin 시리즈)}$$

Talor 시리즈 활용

❶ $\sqrt[3]{8.2}$ 의 값을 구하시오.
정확한 값은 2.01653이다. (계산기 활용)계산기가 없다면 $f(x)=x^{(1/3)}$, $a=8$ (왜냐하면 $8^{1/3=2}$ 쉽게 계산)으로 Taylor 시리즈에 의해 근사값을 구하면 된다.

$f'(x)=1/3x^{-2/3}$(3장 참고)

$$f(8)\approx f(8)+f'(8)*(8.2-8)=2+(1/12)*0.2=2.01667$$

1.6.4 확률변수

통계학은 관심의 대상(모집단)으로부터 데이터를 수집(실험하거나 조사)하여 그 데이터를 분석하여 정보를 얻는데 관련된 학문이다.

데이터

키: 180, 165, 183, …

바이러스 수: 103, 202, 113, …

흡연 유무: 흡연, 비흡연, 비흡연, …

데이터는 변수(특성: 키, 바이러스 수, 흡연 유무)와 개체에 대한 각 특성의 측정값(관측값)으로 구성되어 있으며 관측값은 $x_1, x_2, ..., x_n$ 로 표시한다. n은 데이터 크기(개수)이고, 이것을 표본의 크기라 한다. 키의 경우 $x_1 = 180,\ x_2 = 165, ...$ 이고 흡연 유무는 $x_1 = 1,\ x_2 = 0, ...$ (흡연 = 1, 비흡연 = 0)로 나타내게 된다.

표본공간(sample space)

실험 결과를 예측할 수 없는 실험을 확률실험이라 한다. 주사위를 던지는 실험이 확률실험이다. 확률실험이나 조사에서 발생 가능한 모든 결과들의 모임을 표본공간이라 한다. 기호는 일반적으로 S를 사용한다. $S = \{e_1, e_2, e_3, ...\}$ 로 나타내며 확률실험의 결과 e_i을 원소라 한다.

표본공간

주사위 하나를 던지는 실험의 표본공간은?	$S = \{1, 2, 3, 4, 5, 6\}$
동전 두 개를 던지는 시험의 표본공간은?	$S = \{TT, TH, HT, TT\}\}$
○○대학교 학생들의 키를 조사하는 관측조사에서 표본공간은?	$S = \{x : 50 \le x \le 250\}$
○○대학교 학생들의 흡연여부 관측조사에서 표본공간은?	$S = \{Y, N\}$

표본공간

❶ 두 개의 주사위를 던지는 확률실험의 표본공간을 적으시오.

풀이 | $S=\{(1,1),(1,2),(1,3),\cdots,(6,5),(6,6)\}$

❷ ○○ 대학교 학생의 한 달 용돈 조사실험의 표본공간을 적으시오.

풀이 | $S=\{w:w>0\}$

❸ ○○ 대학교 학생들의 함께 거주하는 가족 수 조사실험의 표본공간을 적으시오.

풀이 | $S=\{0,1,2,\cdots\}$

확률변수 정의

통계학에서 확률변수(함수에서 x에 해당)의 측정값에 대한 기호로 아래 첨자를 사용하게 된다. 확률변수(random variable)는 표본공간(확률실험의 결과, 예를 들면 주사위를 던져서 나오는 눈금, 학생들의 IQ 값 혹은 출신지역)의 원소(결과값)와 실수값을 대응시키는 규칙이다. 각 원소에 대해서는 하나의 값만 대응시킨다. 확률변수(측정값들이 개체계속 변하기 때문이다)는 실험(조사) 결과를 숫자로 변환하는 역할을 한다. 기호는 주로 대문자 X, Y, Z, W, U, V … 등을 사용한다.

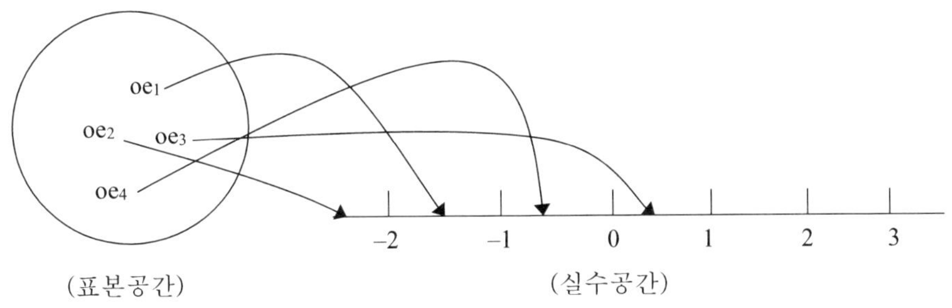

관측값 표현

다음은 학생 여덟 명의 통계학 점수이다.

(70, 50, 80, 40, 90, 90, 60, 80)

관측값을 첨자로 표현하면 $x_1=70$, $x_2=50$, ..., $x_8=80$

(합과 곱 기호)

- 합 기호 $\sum_{i=1}^{n} x_i = x_1 + x_2 + \ldots + x_n$
- 곱 기호 $\prod_{i=1}^{n} x_i = x_1 \cdot x_2 \cdot \ldots \cdot x_n$

합 기호 활용

$x_i = i$, $(i = 0,1,2,...,10)$인 경우 다음을 구하시오.

(1) $\sum_{i=1}^{3} 5i = 30$

(2) $\sum_{k=1}^{3} (3k+1) = 21$

(3) $\sum_{i=1}^{2}\sum_{k=1}^{3} (k+i) = 21$

(4) $\sum_{i=1}^{2}\sum_{k=1}^{3} (k+3) = 30$

(5) $\sum_{i=1}^{2}\sum_{k=1}^{3} (i+3) = 27$

(6) $\sum_{j=0}^{3} (x_j + x_{j+1}) = 16$

(7) $\sum_{j=0}^{2} (x_j x_{j+1}) = 8$

(8) $\sum_{j=0}^{3} 2x_{j+2} = 28$

Phthon

```python
#(1)
import numpy as np
sum=0
for k in np.arange(1,4,dtype=int):
  sum+=5*k
print(sum)
```

```
30
```

```python
#(3)
import numpy as np
k=0;i=0;sum=0
for i in np.arange(1,3,dtype=int):
  for k in np.arange(1,4,dtype=int):
    sum+=k+i
print(sum)
```

```
21
```

곱기호 활용

$x_i = i$, $(i = 0,1,2,\ldots,10)$인 경우 다음을 구하시오.

(1) $\prod_{i=1}^{3}(i+1)^2 = 576$

(2) $\prod_{i=1}^{3}(i+1)^i = 1152$

(3) $\prod_{i=0}^{10} x_i = 0$

(4) $\prod_{i=3}^{5} x_i^2 = 3600$

(5) $\prod_{i=1}^{3} ix_i = 36$

(6) $\prod_{i=9}^{10} x_{i-2}x_i = 5040$

Phthon

```
#(2)
import numpy as np
sum=1
for i in np.arange(1,4,dtype=int):
    sum*=(i+1)**i
print(sum)
```

```
1152
```

(평균, 분산 공식)

확률변수 n개의 관측값을 $(x_1, x_2, \ldots, x_n)$이라 하면, 평균(mean)과 분산(variance) 공식은 다음과 같다. 분산의 양의 제곱근(square root)을 표준편차(standard deviation)라 한다.

- 모집단 평균: $\mu = \frac{\sum_i^N X_i}{N}$, 표본평균: $\bar{x} = \frac{\sum_i^n x_i}{n}$
- 모집단 분산: $\sigma^2 = \frac{\sum(X_i-\mu)^2}{n}$, 표본분산: $s^2 = \frac{\sum(X_i-\bar{x})^2}{n-1}$(모집단 분산의 불편 추정량이 되기 위하여 n대신 n−1로 나눈다).

  (분산 간편식) $\sigma^2 = \frac{\sum_i^N X_i^2 - n\mu^2}{N}$, $\sigma^2 = \frac{\sum_i^n x_i^2 - n\bar{x}^2}{n-1}$
- 표준편차 $\sigma = \sqrt{\sigma^2}$, $s = \sqrt{s^2}$

평균과 표준편차 계산

다음은 학생 일곱 명의 통계학 점수이다.

(70, 50, 80, 40, 90, 90, 60, 80)

(표본평균)

$$\bar{x} = \frac{\sum x_i}{n} = \frac{(70+50+\ldots+80)}{8} = 70$$

(표본분산)

$$\sum x_i^2 = (70^2 + 50^2 + \ldots + 80^2)$$
$$= 41,600$$

$$s^2 = \frac{\sum x_i^2 - n\bar{x}^2}{n-1} = \frac{41,600 - 8 * 70^2}{7}$$
$$= 342.86$$

```
import numpy as np
x=np.array([70,50,80,40,90,90,60,80])
x.mean(),((x**2).sum()-8*x.mean()**2)/7
```

```
(70.0, 342.85714285714283)
```

평균과 표준편차

❶ 표본분산 간편식을 증명하자.

풀이 | $s^2 = \frac{\sum_i^n (X_i - \bar{x})^2}{n-1} = \frac{\sum_i^n (x_i^2 - x_i\,\bar{x} + \bar{x}^2)}{n-1} = \frac{\sum_i^n x_i^2 - 2(\bar{x})\sum_i^n x_i + \sum_i^n \bar{x}^2}{n-1} = \frac{\sum_i^n x_i^2 - n\,\bar{x}}{n-1}.$

❷ 일곱 명의 키를 조사한 데이터이다.

(170, 180, 165, 190, 178, 162, 175)

학생 키의 평균과 표준편차를 구하자.

연습문제

1 **이항전개 이용**

(1) $(2a-5b)^{20}$ 을 전개했을 때 a^5b^{15} 의 계수값은 얼마인가?

(2) $(3-2x)^{12}$ 을 전개했을 때 x^7 의 계수값은 얼마인가?

2 **근사값 구하기**

$e^x = \lim_{n\to\infty}\left(1+\frac{x}{n}\right)^n$ 이다. $x=0.5$ 인 경우 참값은 $e^{-0.5}=0.6065307$ 이다. n값이 어느 정도 되어야 근사해 지는가?

3 **근사값 구하기**

$(1+x)^{-1}=1-x+x^2-x^3+x^4+\ldots$ 근사 시리즈이다. $x=0.5$ 인 경우 참값은 $(1+0.5)^{-1}=0.66667$ 이다. 우측 근사값과 참값과 유사함을 보이자. 함수 for()를 이용하자.

4 **합 구하기**

(1) $1+4+7+10+\ldots+1000$ 의 합을 구하자.

(2) $1-\frac{1}{3}+\frac{1}{9}-\frac{1}{27}+\ldots$ 의 합을 구하자.

(3) $1+\frac{1}{2^2}+\frac{1}{3^2}+\frac{1}{4^2}+\ldots$ 의 합을 구하자.

Chapter **02**

함수

Chapter 1

x	$y = x^2$
-2	4
-1	1
0	0
1	1
2	2

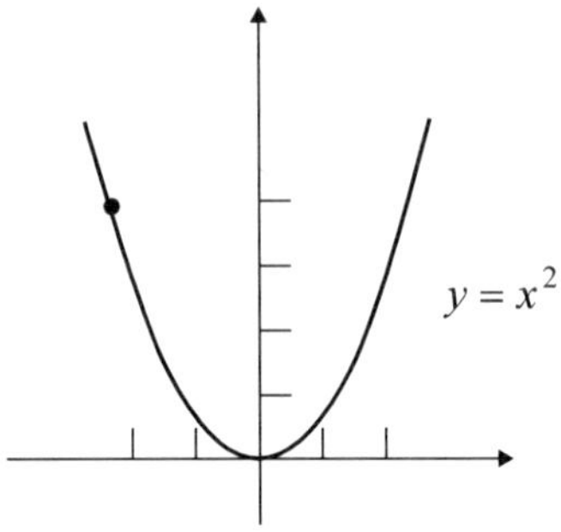

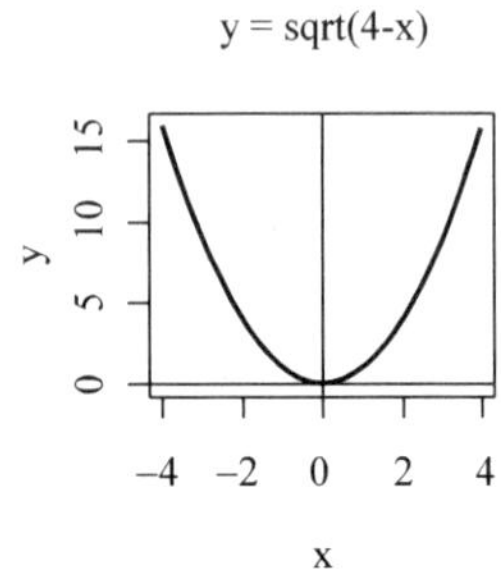

"Calculus is the mathematics of motion and change."

선형대수(Linear Algebra)는 벡터, 행렬, 선형 변환과 같은 다양한 대수적 구조를 다루는 수학의 한 분야이다. 이와 달리 미적분학(Calculus)은 함수의 순간 변화율, 즉 기울기에 대한 미분(differentiation)과 함수의 특정 구간의 면적의 합을 구하는 적분(integration), 그리고 함수의 수렴 값에 대한 극한(limit)에 대해 연구하는 분야이다.

선형대수는 17세기 과학자들의 수학적 요구에 의해 시작되었다. 특히 천문학자 요하네스 케플러(1571~1630)는 20년 간의 천문 관측을 통해 여러 중요한 사실을 발견했다. 첫째, 행성의 궤도는 타원형이라는 점, 둘째, 같은 시간 동안 행성이 움직인 면적(삼각형 면적)은 일정하다는 사실, 셋째, 행성의 주기 T와 궤도의 반지름 길이 a 사이에는 일정한 비례관계가 성립한다는 것이다. 이러한 관계는 선형대수를 활용하면 반나절 만에 알아낼 수 있다.

이처럼 과학의 필요에 의해 선형대수는 태동하고 발전하게 되었으며, 복잡한 문제를 간단하게 해결할 수 있는 강력한 도구로 자리 잡게 되었다. 선형대수의 발전은 과학과 공학 분야에서의 수많은 응용 가능성을 열어주었고, 오늘날에도 여전히 중요한 역할을 하고 있다.

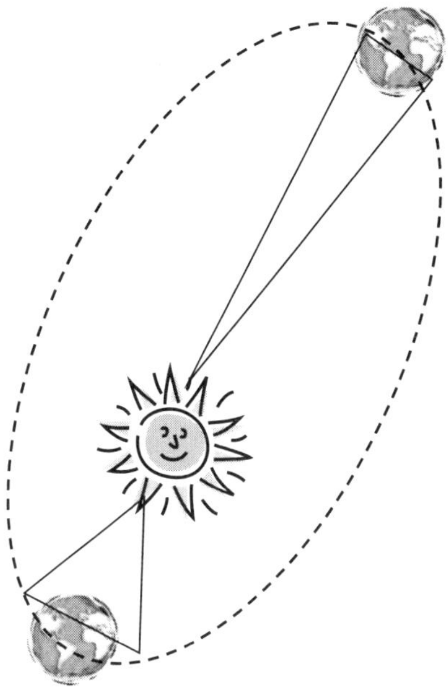

2.1 좌표와 직선방정식

2.1.1 좌표와 사분면

평면(이차원 공간)에 있는 모든 점들은 숫자 좌표(numerical coordinate)에 의해 표현된다. 이러한 점들의 집합인 선이나 곡선은 좌표방정식(coordinate equation)으로 나타낼 수 있다. 이차원 공간의 점들을 표시하기 위해, 수평선인 x−축(x−axis)과 수직선인 y−축(y−axis)이 그려지며, 이 두 직선은 원점(origin)에서 직각으로 만난다.

원점을 기준으로 x축에서 a만큼, y축에서 b만큼 떨어진 점의 좌표는 (a, b)로 표현된다. 이를 데카르트 좌표(Cartesian Coordinate)라고 정의한다. 여기서 a와 b는 모두 실수 값이다. 이러한 데카르트 좌표 시스템은 이차원 평면에서 점의 위치를 명확하게 나타내는 데 중요한 역할을 하며, 다양한 수학적 분석과 응용에서 널리 사용된다.

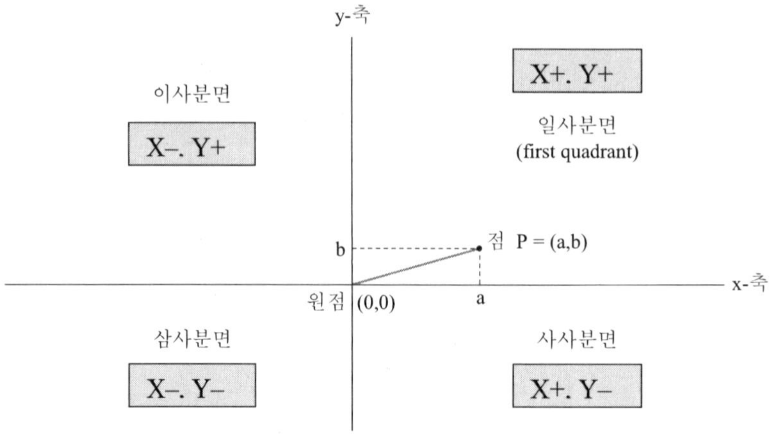

2.1.2 직선과 증가

두 점을 가장 가까운 거리로 연결할 때 만들어지는 선을 직선이라 하고 직선 위의 점은 무수히 많이 존재한다. 두 점의 증가(increment)는 두 점의 순변화를 의미하며 좌표 $P=(x_1, y_1)$ 에서 $Q=(x_2, y_2)$ 로 움직였을 때 x－좌표의 증가는 $\mathrm{D}x=(x_2-x_1)$, y－좌표의 $\mathrm{D}y=(y_2-y_1)$ 이다. 증가의 부호와 크기는 두 대응 좌표의 절대 크기가 결정한다.

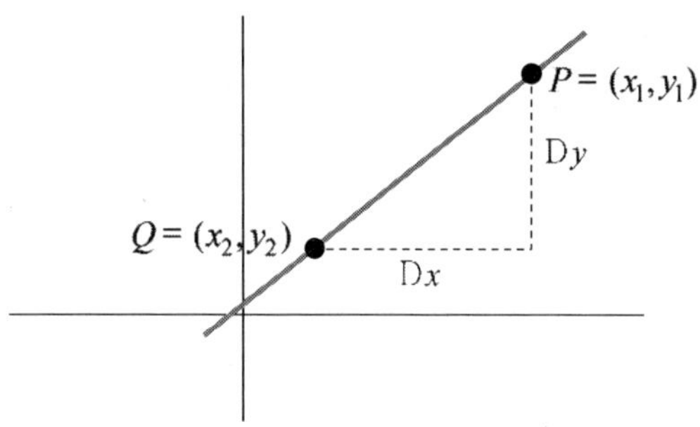

2.1.3 기울기

수직선, 수평선이 아닌 직선의 기울기(slope)는 $m=\dfrac{rise}{run}=\dfrac{\mathrm{D}y}{\mathrm{D}x}=\dfrac{y_1-y_2}{x_1-x_2}$ 라 정의한다. 직선의 기울기는 선상 어느 좌표에서나 동일하다. 그러므로 점 P에서나 Q에서나 기울기는 동일하다.

수평선의 기울기는 0(rise = 0)이고, 수직선의 기울기는 무한대(infinity, ∞)이나 정의되지 않는다.

2.1.4 거리

좌표에서 두 점 $P=(x_1, y_1)$, $Q=(x_2, y_2)$ 사이의 거리(distance)는 다음과 같이 정의한다. 이를 Euclidean 거리라 한다.

$$|PQ| = \sqrt{(x_1 - x_2)^2 + (y_1 - y_2)^2}$$

기울기, 거리

좌표에서 임의의 두 점 $P=(-1,2)$, $Q=(1,0)$ 을 지나는 직선의 기울기와 두 점 사이의 거리를 구하자.

기울기 $m = \frac{0-2}{1-(-1)} = -1$

거리 $|PQ| = \sqrt{(1-(-1))^2 + (0-2)^2} = \sqrt{8}$

Phthon **두 점 직선 및 기울기**

```
import numpy as np
import matplotlib.pyplot as plt

# 두 점
x1, y1 = -1, 2
x2, y2 = 1, 0

# 직선의 기울기 (m)와 y절편 (b) 계산
m = (y2 - y1) / (x2 - x1)
b = y1 - m * x1

# x 값 범위 설정
x = np.linspace(-2, 2, 100)
```

```
# 직선 방정식 y = mx + b
y = m * x + b

# 그래프 그리기
plt.plot(x, y, label=f'y = {m:.2f}x + {b:.2f}', color='blue')

# 두 점 표시
plt.scatter([x1, x2], [y1, y2], color='red')

# 그래프 꾸미기
plt.axhline(0, color='black',linewidth=0.5)
plt.axvline(0, color='black',linewidth=0.5)
plt.title('Line through two points (-1, 2) and (1, 0), slope= '+str(m))
plt.xlabel('x')
plt.ylabel('y')
plt.legend()
plt.grid(True)

# 그래프 표시
plt.show()
```

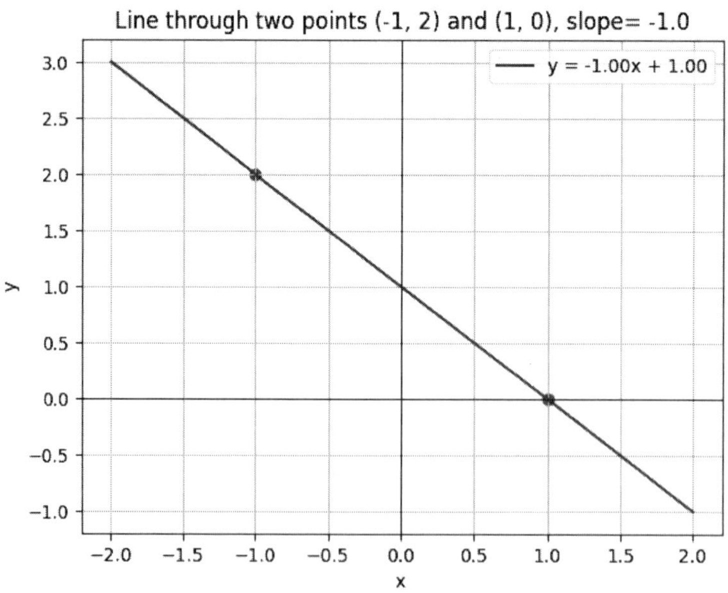

2.1.5 경사각

직선의 경사각(angle of inclination)은 다음과 같이 정의된다. 이 직선의 기울기 $m = \tan(q)$ 이다.

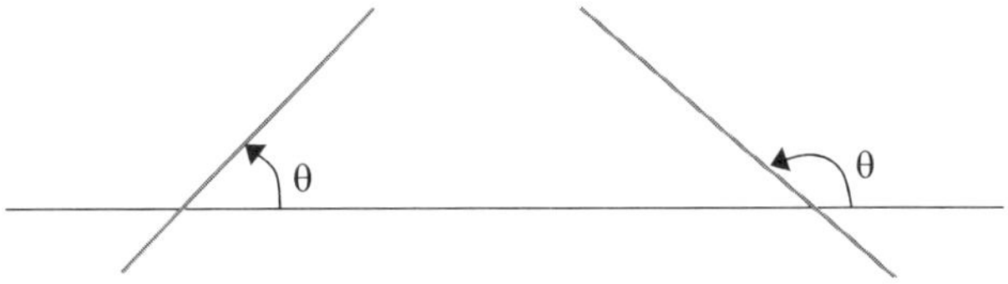

2.1.6 평행과 수직

두 직선의 기울기가 동일하면 두 직선은 서로 평행(parallel)이라 한다. 반면, 두 직선의 기울기의 곱이 −1이면 두 직선은 서로 수직(perpendicular)이라 한다. 직선 L1과 L2는 평행이고, 직선 L3는 직선 L1, L2와 수직이다. 직선 L1의 기울기는 h/a 이므로 직선 L1의 기울기는 h/a, 직선 L3의 기울기는 $-a/h$이다.

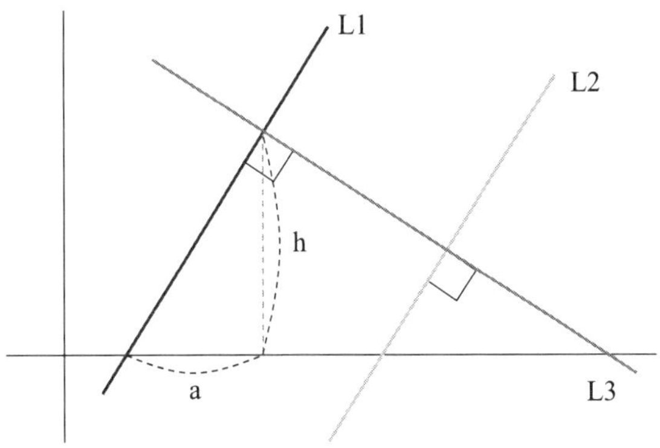

2.1.7 직선방정식

definition 직선방정식

직선방정식(linear equation)은 직선의 모든 점의 좌표에 의해 만족되고 직선 이외의 점 좌표에서는 만족하지 않는다. 직선방정식은 y-축과 만나는 절편과 증가량으로 이루어지며 $y = a + bx$ 로 표현된다. 상수 a는 절편(intercept), 상수 b는 기울기(slope)라 한다.

기울기 $b=0$인 직선 $y=a$는 수평선(vertical line)이라 하며, x-축과 평행이고 y-축에는 a을 지난다.

y-축과 평행인 직선 $x=c$는 x-축과는 c에서 만난다.

•• 직선방정식 그래프 그리기

(1) x = 0일 때 y값을 구한다. 즉 절편 a을 구한다.

(2) y = 0일 때 x값을 구한다.

(3) 두 좌표를 이으면 직선방정식 그래프가 완성된다.

•• 점-기울기 방정식

직선의 기울기가 m이고 절편이 a인 직선방정식은 $y=a+mx$이다.

직선 그래프 그리기

$y=3+2x$ 그래프를 x 구간 [-4,4]에서 그리자.

수작업 (1) x = 0일 때 값 y =3 ➜ 좌표 (0, 3)

(2) y = 0일 때 y = -3/2 ➜ 좌표 (-3/2, 0)

(3) 두 좌표를 직선으로 연결한다.

Phthon

```
#정규분포(mu,sigma)
import matplotlib.pyplot as plt
import numpy as np
x=np.linspace(-4,4,100) #x-축 범위 지정
a=3;b=2 #절편, 기울기 설정
y=a+b*x #함수 정의
plt.plot(x,y,c='red')
plt.title('y='+str(a)+'+'+str(b)+'x')
plt.axhline(0,color='black')
plt.axvline(0,color='black')
plt.show()
```

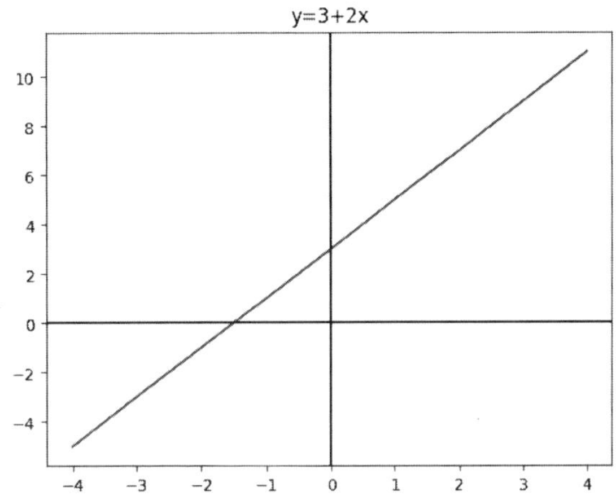

직선방정식

$8x + 5y = 20$ 의 기울기와 절편을 구하자.

$5y = -8x + 20 \rightarrow y = -\frac{8}{5}x + 4$, 그러므로 기울기 $-\frac{8}{5}$ 이고 절편 4이다.

•• 점–기울기 방정식

직선의 기울기가 m 이고 직선의 한 좌표가 (x_1, y_1) 이면, 직선의 방정식은 $y - y_1 = m(x - x_1)$ 이다.

직선방정식

기울기 -3/2이고 직선이 좌표 (2,3)을 지날 때 직선방정식을 구하자.

$y - 3 = -\frac{3}{2}(x - 2)$, 이를 정리하면 $y = -\frac{3}{2}x + 6$

•• 점–점 방정식

(1) 두 점을 이용하여 기울기를 구한다.

(2) 기울기와 한 점을 이용해 직선방정식을 구한다.

직선방정식

두 점 (-2, -1), (3, 4)가 지나는 직선의 방정식을 구하자.

기울기 $m = \dfrac{-1-4}{-2-3} = 1$

점-기울기 $y - 4 = 1(x-3)$, 정리하면 $y = x + 1$

직선방정식

❶ 기울기가 m이고 점 P를 통과하는 직선방정식을 구하자.

(1) $P = (-2, 2), m = 1/2$ (2) $P = (-1, 1), m = 1$

풀이 기울기 m=1이므로 y=a+x이다. 점 (-1, 1)을 통과하여 1=a-1이므로 절편 a=2, 직선 방정식은 y=2+x이다.

(3) $P = (0, b), m = 2$ (4) $P = (a, 0), m = -2$

풀이 기울기 m=2이므로 y=a+2x이다. 점 (0, b)을 통과하여 b=a이므로 절편 a=b, 직선 방정식은 y=b+2x이다.

❷ 두 점 P, Q를 통과하는 직선방정식을 구하자.

(1) $P = (1, 1), Q = (2, 1)$ (2) $P = (-2, 0), Q = (-2, -2)$

풀이 기울기 $m = \frac{0-(-2)}{-2-(-2)}$이 정의되지 않으므로 y-축과 평행한 수직선 x=-2이다.

(3) $P = (0, 0), Q = (2, 3)$ (4) $P = (-2, 1), Q = (2, -2)$

풀이 기울기 $m = \frac{1-2}{-2-2} = -\frac{1}{4}$이므로 $y = a - \frac{1}{4}x$, (-2,1)을 지나므로 $a = \frac{1}{2}$이다. 그러므로 직선방정식은 $y = \frac{1}{2} - \frac{1}{4}x$이다.

❸ 다음 직선 그래프를 파이썬을 이용하여 그리시오.

① $3x + 4y = 12$ ② $x + 2y = -4$

③ $\sqrt{2}x - \sqrt{3}y = \sqrt{6}$ ④ $1.5x - y = -3$

❹ $x + y = 1$과 $2x + ky = 3$은 수직이라 한다. k를 구하자.

풀이 두 직선이 수직이므로 기울기의 곱은 -1이어야 한다. $x + y = 1$ 기울기는 -1, $2x + ky = 3$의 기울기는 $-\frac{2}{k}$이므로 $(-1) \times \left(-\frac{2}{k}\right) = -1$이다. $k = -2$.

❺ $x+2y=3$ 와 $2x-3y=-1$ 의 교차점(intersection)과 $P=(1,2)$ 을 지나는 직선 방정식을 구하자.

풀이 첫 번째 방정식에서 x=2y−3이므로 이를 두 번째에 대입하면 2(2y−3)−3y=−1. y=5이므로 교차점은 (7, 5)이다. (7, 5)와 (1, 2) 두 점을 지나는 직선 방정식을 구하면 된다.

Phthon

```
import matplotlib.pyplot as plt
import numpy as np
x=np.linspace(-1,3,100) #x-축 범위 지정
a=-2**0.5;b=(2/3)**(0.5) #절편, 기울기 설정
y=a+b*x #함수 정의
plt.plot(x,y,c='red')
plt.title('$y=-\sqrt{2}+\sqrt{2/3}x$')
plt.axhline(0,color='black')
plt.axvline(0,color='black')
plt.show()
```

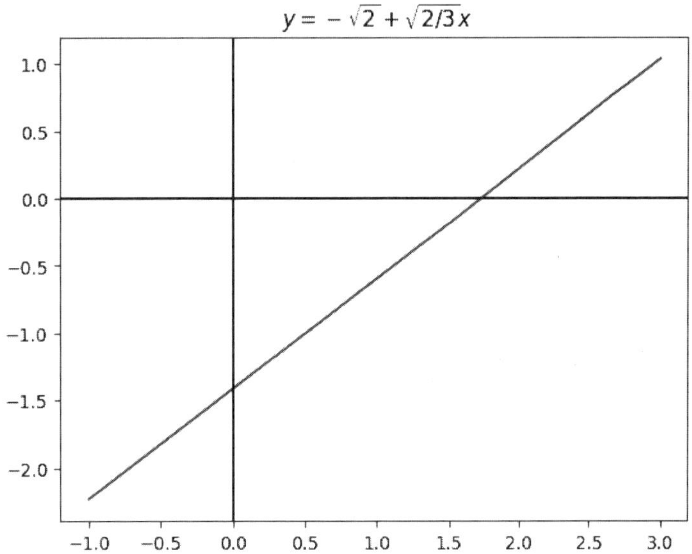

직선방정식 응용 (1)

빛은 직선 $x+y=1$을 따라 들어와 지면에 들어온 각도대로 반사된다고 한다. 반사되는 빛의 경로에 대한 직선방정식을 구하자.

θ의 각도는 45°이고 두 직선은 수직이다. 그러므로 반사 직선방정식의 기울기는 1이다. 또한 (1,0)을 지나므로 반사되는 빛의 경로 직선방정식은 $y=x-1$이다.

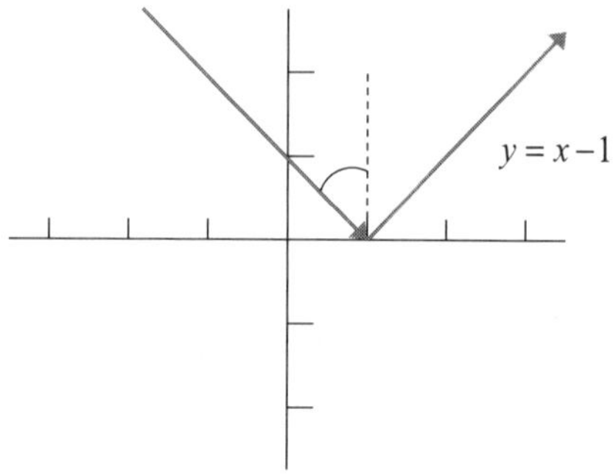

직선방정식 응용 (2)

경사각이 10%인 도로가 있다. 지상에서 차가 출발하여 지상 기준으로 5km 갔다. 지상으로부터 얼마 높이에 있는가?

tan(10) = x/5이므로 x = 5tan(10) = 0.8816이다.

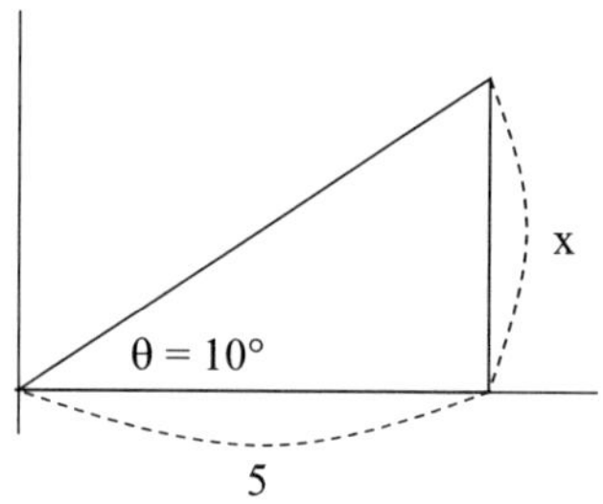

2.2 함수와 그래프

2.2.1 함수

definition 함수

함수(function)는 x가 가질 수 있는 값들의 집합인 정의역(domain)으로부터 y가 가질 수 있는 값들의 집합인 치역(range)으로 대응시키는 규칙으로, 정의역의 각 원소(값)에 단 하나의 치역 원소(값)을 할당한다는 의미를 가진다. 이를 "y는 x의 함수이다(y is a function of x)"라고 읽는다.

하나(single)의 의미는 정의역값에는 치역의 값이 하나만 대응된다는 것이다. 아래 그림에서 치역의 값에는 두 개의 정의역값과 대응되어 있으나 정의역 원소(값)에서 보면 단 하나의 치역값과 대응되어 있다.

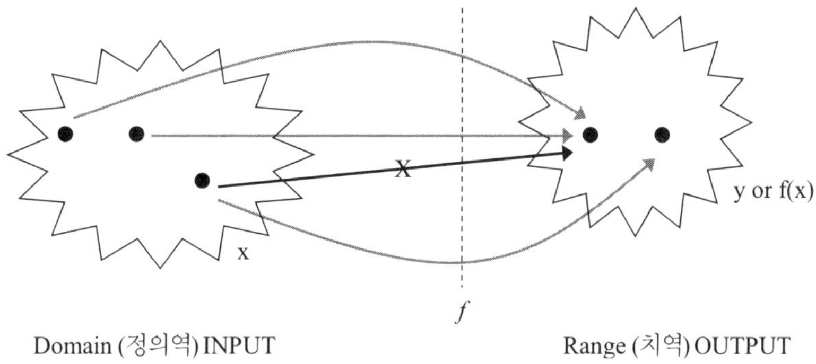

이처럼 정의역값에 단 하나의 치역값이 대응되는 모든 관계를 함수라 한다. 아래 그래프 중 (2)를 제외하고는 모두 함수로 정의된다. 함수 (2)는 하나의 x값에 두 개의 y값이 존재하기 때문이다.

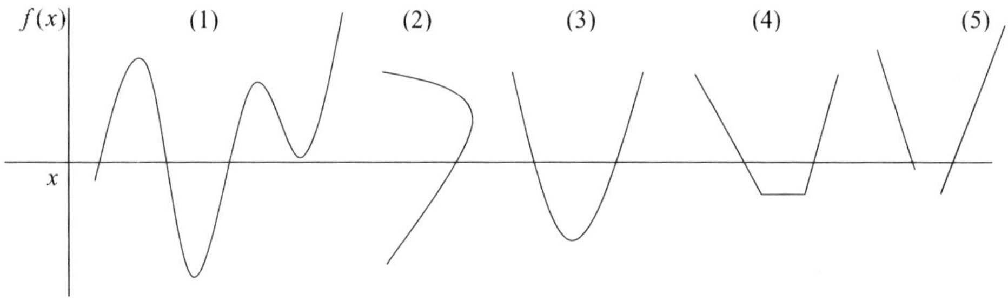

•• 정의역과 치역

정의역과 치역은 일반적으로 구간(interval)으로 되어 있으며 가질 수 있는 가능한 모든 값들의 모임이다. 구간의 양 끝 값을 경계 값(boundary point)이라 하고 구간 내의 값은 내부 값(interior point)이라 한다.

Open interval (열린 구간) (a,b) 구간의 양 끝 값을 모두 포함하지 않는다.
Closed interval (닫힌 구간) $[a,b]$ 구간의 양 끝 값을 모두 포함한다.
Half-open interval (반 열린 구간) $[a,b)$, $(a,b]$ 한쪽 값만 포함한다.

함수	Domain	Range
$y = x^2$	$(-\infty, \infty)$	$[0, \infty)$
$y = 1/x$	$(-\infty, 0) \cup (0, \infty)$	$(-\infty, 0) \cup (0, \infty)$
$y = \sqrt{x}$	$[0, \infty)$	$[0, \infty)$

함수 예제

화씨 온도(Fahrenheit)를 섭씨 온도(Centigrade)로 바꾸는 식? 이것 역시 함수이다.

$C = \frac{5}{9}(F - 32)$ ($C = f(F)$) 정의역은 $D = \{x; -\infty < x < \infty\}$으로 F(화씨 온도)가 가질 수 있는 온도 값이고, 치역은 C가 가질 수 있는 온도 값으로 $R = \{y = f(x);\ -\infty < y < \infty\}$이다.

아이 IQ(Y)는 엄마 IQ(X)에 의존할 가능성이 있다. 만약 y의 값이 전적으로 x에 의해서만 결정된다면 y는 x의 함수라 한다. 그러나 아이 IQ는 전적으로 엄마 IQ에만 의존하는 것은 아니므로 그 외 영향을 미치는 요인들을 오차 항(error)으로 하여 이를 다루는 통계 분석은 회귀분석이다. 즉, 회귀함수는 $y = f(x) + error$ 을 다루게 된다.

반지름이 r인 원의 면적을 구하는 식도 함수이다. $A(r) = \pi r^2$ ($\pi = 3.141592...$)에서 만약 반지름이 2이면 면적은 4π 가 된다(이차함수). 정의역은 $r > 0$이고, 치역은 $A > 0$이다.

2.2.2 함수 그래프 그리기

함수 $y = f(x)$ 의 관계를 2차원 공간(x-축, y-축) 좌표에 표현한 것을 그래프라 하는데, 정의역 값을 X-축에 그에 대응하는 값을 Y-축에 나타낸 좌표점들을 연결하여 놓은 것이다.

함수 그리기 (1)

함수 $y = x^2$, (Domain $-2 \le x \le 2$) 그래프를 그리자(이차함수).

[STEP 1] 계산이 용이한 x값을 선택하여 y값을 구한다.
[STEP 2] 2차원 공간에 좌표를 표시한다.

[STEP 3] 좌표를 연결하여 그래프를 그린다.

x	$y=x^2$
-2	4
-1	1
0	0
1	1
2	2

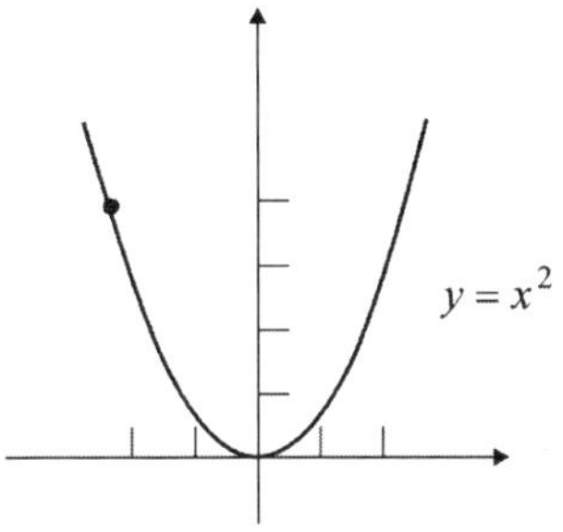

함수 그리기 (2)

함수 $y=\sqrt{4-x}$ 그래프를 그리자.

[STEP 1] 함수의 Domain을 결정해야 한다.
Root 안의 값은 0보다 커야 하므로 $4-x \geq 0$ 의 함수 Domain은 $x \leq 4$ 이다.

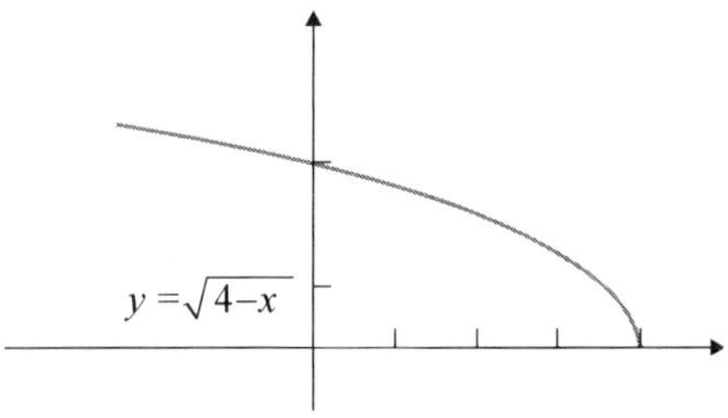

[STEP 2] 계산이 용이한 x값을 선택하여 y 값을 구한다.

x	$y=\sqrt{4-x}$
4	0
3.75	0.5
2	$\sqrt{6}$
0	2
-2	$\sqrt{6}$

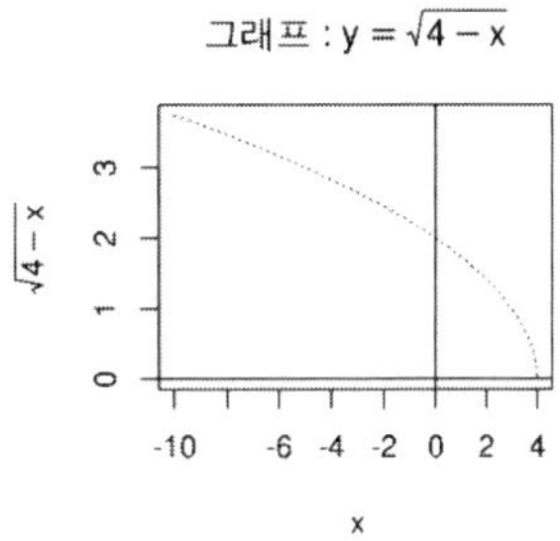

[STEP 3] 좌표를 연결하여 그래프를 그린다.

```
library(latex2exp)
x=seq(-10,4,0.1)
y=sqrt(4-x)
plot(y~x,type='l',main=TeX(r'(그 래 프  : $y=\sqrt{4-x}$)'),
     ylab=TeX(r'($\sqrt{4-x}$)'),col='blue',lty=3)
abline(0,0,v=0)
```

```
#함수 그래프 그리기
import matplotlib.pyplot as plt
import numpy as np
x=np.linspace(-10,4,100)#x-축 범위 지정
y=(4-x)**0.5 #함수 정의
plt.plot(x,y,c='red')
plt.title('$y=\sqrt{4-x}$')
plt.axhline(0,color='black')
plt.axvline(0,color='black')
plt.show()
```

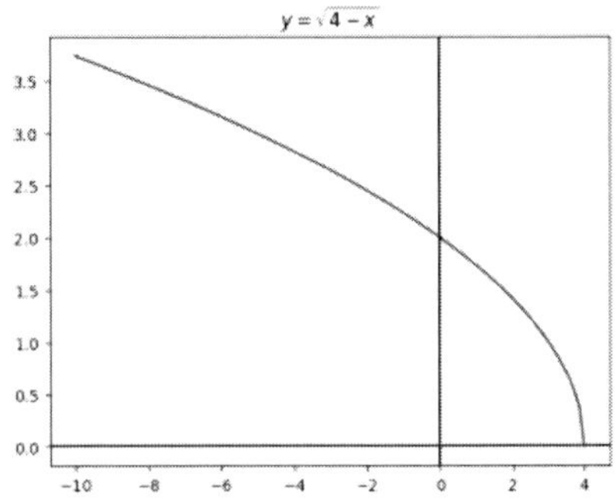

함수 그리기 (3)

함수 $y=(x-2)^{-1}$ 그래프를 그리자.

$x=2$ 에서는 함수 값이 정의되지 않는다. 2를 중심으로 멀어질수록 함수 값은 0에 수렴하게 된다. X의 범위를 (0, 4)으로 하였다.

```
import numpy as np
import matplotlib.pyplot as plt
# 함수 정의
def my_function(x):
    return 1 / (2 - x)
# 구간 설정
start = 0;end = 4;step = 0.01
# x 값 생성
x_values = np.arange(start, end, step)
# 함수 값 계산
y_values = my_function(x_values)
# 그래프 그리기
plt.plot(x_values, y_values)
plt.title(r'Graph of $y = \frac{1}{(2-x)}$')
plt.xlabel('x')
plt.ylabel('y')
plt.legend()
plt.grid(True)
plt.show()
```

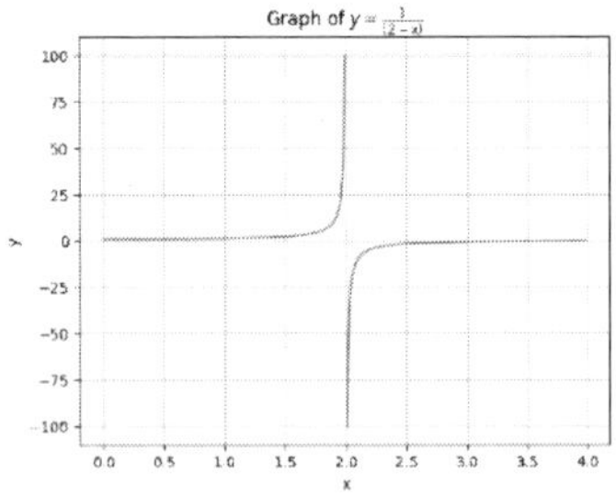

직선 그리기

다음 함수 그래프를 수작업으로 그리고 파이썬을 이용하여 확인하자.

(1) $y = -\frac{1}{x} + 3$

(2) $y = 9 - x^2$

(3) $y = -x^3$

(4) $y = -\frac{1}{x^2 + 2}$

2.2.3 확률변수와 확률분포함수

definition 확률변수(random variable)

표본공간의 각 결과(원소)에 실수 값을 대응시키는 규칙(함수)을 확률변수라 한다. 표본공간이 S인 확률실험에서 각 표본공간 원소에 오직 하나의 실수 값을 대응하는 함수 X를 확률변수라 한다. 기호로는 $X(w) = x$ 이다. 확률변수 X의 정의역은 표본공간 $S = \{w : w \subset S\}$ 이고, 치역은 $\{x : X(w), w \subseteq S\}$ 이다.

이산형(discrete) 확률변수, 연속형(continuous) 확률변수

표본공간이 셀 수 있는 경우에 정의된 확률변수를 이산형 확률변수, 셀 수 없는 경우에 정의된 확률변수를 연속형 확률변수라 한다. 제품 불량 개수, 교통사고 발생 수, 주사위 눈금은 이산형 확률변수이고 제품 수명, 강수량, 정격 전압 등은 연속형 확률변수이다.

이산형과 연속형에 대한 다른 정의로는 임의의 구간을 설정하여도 구간 내의 값이 측정될 수 있으면 연속형, 그렇지 않으면 이산형이라 한다.

확률분포함수(probability distribution function)

확률변수가 가질 수 있는 값들을 정의역, 각 값들의 확률을 치역으로 한 함수를 (확률)분포함수(혹은 확률밀도함수, prob. density function)라 하고, $f(x)$ 로 (이산형 변수일 경우는 구별하여 $p(x)$ 을 사용하기도 한다) 나타낸다.

확률분포함수 조건

1) 확률변수 X의 임의의 값 x 의 확률 값은 0 이상이다.

$p(x) \geq 0$ *for all* x(이산형), $f(x) \geq 0$ *for all* x (연속형)

2) 확률변수 X의 모든 값 x 의 확률을 더하면 1이다.

$\sum p(x) = 1$(이산형), $\int f(x)dx = 1$

definition 기대값

확률변수 X 의 기대값은 다음과 같이 정의된다.

$$\text{(이산형)}\ E(X) = \sum xp(x)$$
$$\text{(연속형)}\ E(X) = \int f(x)dx$$

모집단 기호 μ, 표본 데이터 기호 $\bar{X}$

기대값 $E(X)$ 는 평균으로 불리며, 함수 $(X - E(X))^2$ 의 기대값을 분산이라 정의한다. 즉 분산은 $V(X) = E(X - E(X))^2$ 이다. 모분산 기호는 σ^2, 표본분산은 s^2 으로 나타낸다.

주사위를 던지는 실험에서 나타나는 눈금의 기대값은 3.5이다. 나타나는 눈금을 확률변수 X 라 하자. 확률밀도함수는 $p(x) = 1/6,\ x = 1, 2, \ldots, 6$ 이다. 이를 균일분포(uniform dist.)라 한다. 그러므로 기대값(평균)과 분산은 다음과 같다.

$$E(X) = \sum xp(x) = 1 \times \frac{1}{6} + 2 \times \frac{1}{6} + \ldots + 6 \times \frac{1}{6} = 3.5$$

$$V(X) = E(X - E(X))^2 = \sum (X - 3.5)p(x)$$
$$= (1-3.5)^2 \frac{1}{6} + (2-3.5)^2 \frac{1}{6} + \ldots + (6-3.5)^2 \frac{1}{6} = 2.92$$

파이썬에서 기대값 계산

```
import numpy as np
x=np.arange(1,7,1)
p=np.repeat(1/6,6)
(x*p).sum(),((x-(x*p).sum())**2*p).sum()
```

```
(3.5, 2.9166666666666665)
```

2.2.4 이산형 확률밀도함수

베르누이 분포(Bernoulli distribution) $X \sim B(p)$

(1) 모든 확률시행은 서로 독립이고, (2) 시행 결과가 성공(success, 관심을 갖는 결과)과 실패(failure, 반대 결과) 두 가지만 발생하고, (3) 매 시행 성공 확률이 p 로 일정한 경우에 이를 베르누이 시행(Bernoulli trial)이라 한다. 시행의 성공일 확률이 p 라 하고 성공이면 확률변수 X=1, 실패면 X=0인 확률변수는 베르누이 분포를 따른다고 하고 확률밀도함수는 다음과 같다.

$$p(x \mid p) = p^x (1-p)^{1-x}, \quad x = 0,1 \text{ (평균 = } p \text{, 분산 = } pq \text{)}$$

이항분포(Binomial distribution) $X \sim B(n,p)$

n번의 독립적인 베르누이 시행에서 성공의 회수를 확률 변수 X라 하자. "독립적"이란 각 시행이 다른 시행의 결과에 영향을 미치지 않음을 의미한다. 이때 확률변수 X는 모수 (n, p)인 이항분포를 따른다고 하고 $X \sim B(n,p)$ 의 확률분포함수는 다음과 같다.

$$p(x \mid n,p) = \binom{n}{x} p^x (1-p)^{n-x}, \quad x = 0,1,2,\ldots,n \text{ (평균 = } np \text{, 분산 = } npq \text{)}$$

이항분포함수 그리기

확률밀도함수와 누적확률밀도함수를 동일 화면에 그리자.

```
#베르누이 분포 확률분포함수, 누적확률분포함수
import matplotlib.pyplot as plt
import scipy.stats as st
n=10;p=0.1
x=np.arange(0,n+1) # x=0,1, ...,n
pdf=st.binom.pmf(x,n,p)
cdf=st.binom.cdf(x,n,p)
import numpy as np
plt.figure(figsize = [10, 5])
plt.subplot(1,2,1) #1 행, 2 열 그래프,첫번째 그림
plt.bar(x, pdf, label='PDF', alpha=0.7, color='green')
plt.title('pdf of Binomial('+str(n)+','+str(p)+')')
```

```
plt.subplot(1,2,2)
plt.bar(x, cdf, label='PDF', alpha=0.7, color='cyan')
plt.title('cdf of Binomial('+str(n)+','+str(p)+')')
plt.show()
```

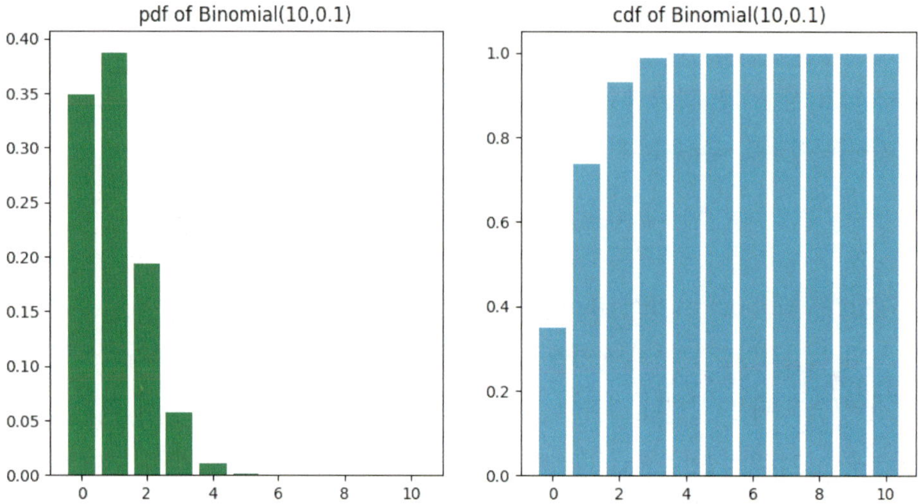

포아송 분포(Poisson distribution) $X \sim Poisson(\lambda)$

단위 시간을 같은 크기로 n 등분 하여 각 서브 구간에 관심 사건(베르누이 시행)의 발생(성공)이 많아야 한 번 일어나게 한다고 하자. 즉, 서브 구간에 성공이 발생하지 않을 확률은 1-p,서브 구간에 성공이 한 번 발생할 확률은 p, 그리고 서브 구간에 성공이 두 번 이상 발생할 확률은 0이라 가정한다. 그러면 n 구간의 성공횟수는 이항분포를 따를 것이다.

이 경우 서브 구간의 개수 n의 결정이 쉽지 않으므로 n을 매우 크게 하여 p을 매우 작게 하는 것이 합리적일 것이다. 그리하여 $\lambda = np$ 라 하고 n을 ∞로 근사하면

$$\lim_{n\to\infty}\binom{n}{x}(p)^x(1-p)^{n-x} = \frac{\lambda^x}{x!}e^{-\lambda} \text{ (참고) } \lim_{n\to\infty}(1+\frac{1}{n})^n = e,\ \lim_{n\to\infty}(1-\frac{\lambda}{n})^n = e^{-\lambda}$$

이처럼 발생 확률이 매우 낮은 사건의 성공 확률이 매우 낮은 시행에서 성공횟수를 확률변수 X라 하면 이는 Poisson 분포를 따르고 $X \sim Poisson(\lambda)$라 표현하고 확률분포함수는 다음과 같다.

$$f(x\mid\lambda) = \frac{e^{-\lambda}\lambda^x}{x!},\ x = 0,1,2,\ldots,\ 0 \le \lambda < \infty \text{ (참고) } \lambda = np \text{ (평균 = }\lambda\text{, 분산 = }\lambda\text{)}$$

포아송 분포는 일정 단위당 관심 사건 발생횟수를 정의한다. 예를 들어, 페이지당 페이지 오류 개수, 시간당 은행을 찾는 고객 수, 은행 콜 센터에 매 30분당 걸려오는 전화 수, 아프리카 초원 10ha 당 표범 수 등은 포아송 분포를 따르게 된다.

n이 커지고 p가 매우 작아 np가 일정해지면 이항분포 $B(n, p)$는 모수가 $Poisson(\lambda = np)$인 포아송 분포에 근사한다.

이항분포의 포아송 분포 근사

B(20,0.1), Poisson(2) 확률밀도함수를 그리시오.

```
#베르누이 분포 포아송 분포 근사
import matplotlib.pyplot as plt
import scipy.stats as st
n=20;p=0.1
x=np.arange(0,n+1) # x=0,1, … ,n
binom=st.binom.pmf(x,n,p)
poisson=st.poisson.pmf(x,n*p)
import numpy as np
plt.figure(figsize = [10, 5])
plt.subplot(1,2,1) #1 행, 2 열 그래프,첫번째 그림
plt.bar(x, binom, label='PDF', alpha=0.7, color='green')
plt.title('pdf of Binomial('+str(n)+','+str(p)+')')
plt.subplot(1,2,2)
plt.bar(x, poisson, label='PDF', alpha=0.7, color='cyan')
plt.title('pmf of Poisson($\lambda$='+str(n*p)+')')
plt.show()
```

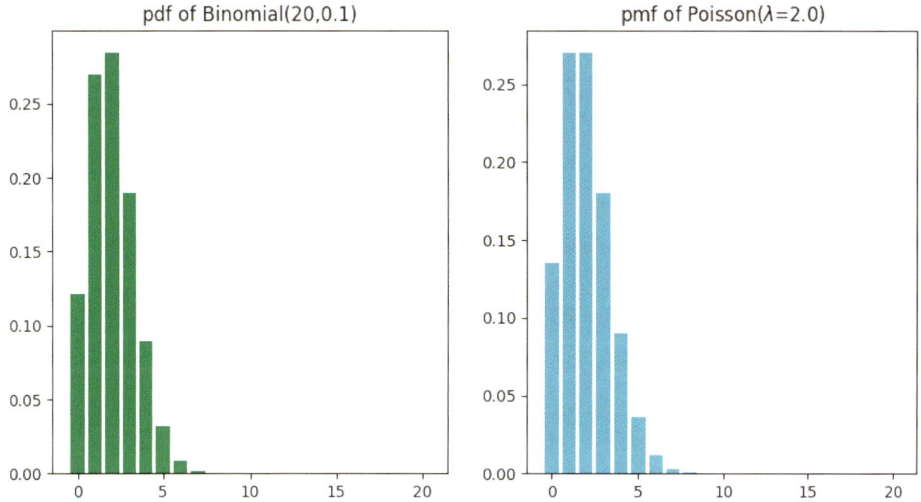

초기하분포(Hyper-geometric distribution) $X \sim HG(N, D, n)$

이진형(성공, 실패)으로 분류되는 N개 개체가 있는 유한 모집단이 있다고 가정하고 관심이 있는 개체들의 개수가 D(D≤N)라 하자. 이런 모집단으로부터 n개의 개체를 뽑을 때 관심의 개체 수를 확률변수 X라 할 때 X는 초기하분포를 따른다고 하고 $X \sim HG(N, D, n)$ 확률분포함수는 다음과 같다.

$$p(x \mid N, D, n) = \frac{\binom{D}{x}\binom{N-D}{n-x}}{\binom{N}{n}}, \quad x = 0, 1, 2, \ldots, \min(n, D) \quad (\text{평균} = \frac{nD}{N}, \text{ 분산 = 복잡})$$

N이 커지면 초기하분포 $HG(N, D, n)$는 이항분포 $B(n, D/N)$에 근사한다. 초기하분포는 비복원 추출, 이항분포는 복원 추출이라 한다.

이항분포 그리기

관심 집단의 비율(성공비율)이 p=0.1, n=20을 이용하여 초기하분포(HG(N=50,D=5,n=20))가 이항분포에 근사함을 보이자.

```
#초기하분포의 이항분포 근사
import matplotlib.pyplot as plt
import numpy as np
import scipy.stats as st
n=20;p=0.1
M=50;N=20;D=5
x=np.arange(0,n+1) # x=0,1, ... ,n
binom=st.binom.pmf(x,n,p)
hgeom=st.hypergeom.pmf(x,M,D,N)
import numpy as np
plt.figure(figsize = [10, 5])
plt.subplot(1,2,1) #1 행, 2 열 그래프,첫번째 그림
plt.bar(x, binom, label='PDF', alpha=0.7, color='green')
plt.title('pdf of Binomial('+str(n)+','+str(p)+')')
plt.subplot(1,2,2)
plt.bar(x, hgeom, label='PDF', alpha=0.7, color='cyan')
plt.title('pmf of HG(N='+str(N)+',n='+str(N)+',D='+str(D)+')')
plt.show()
```

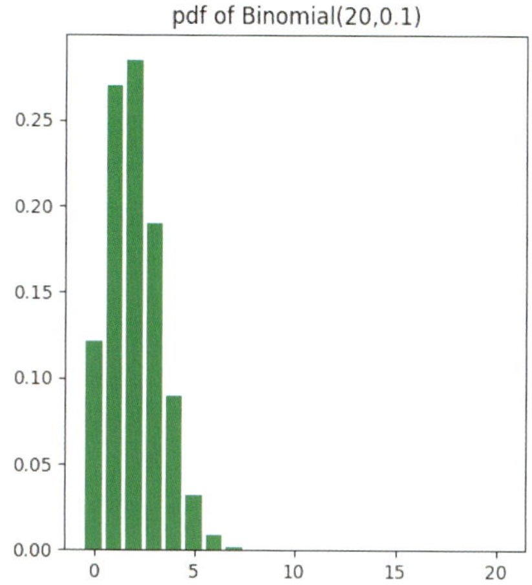

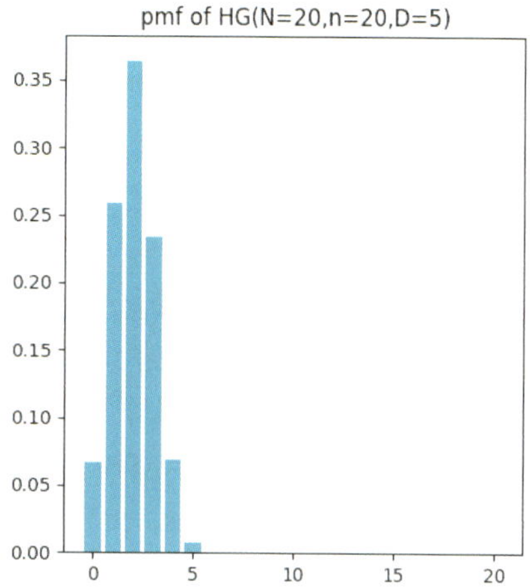

기하분포(Geometric distribution) $X \sim G(p)$

성공 확률이 p인 시행에서 첫 번째 성공이 발생할 때까지 소요되는 시행횟수를 X라 하면 X는 기하분포를 따르며, $X \sim G(p)$ 확률분포함수는 다음과 같다.

$$f(x) = q^{x-1}p,\ x = 1,2,3,...\ (\text{평균} = 1/p,\ \text{분산} = q/p^2)$$

기하분포는 이산형 시간확률분포함수(예: 제품 수명, 고객을 기다리는 시간, 관심 사고가 발생할 때까지 걸리는 시간, 이 경우 단위 시간 개념이 적용된다)에 활용된다. 연속형 확률변수의 경우 지수분포를 가정하게 된다. 다음 고객이 은행을 찾아오는 시간이 적어도 5분 이상일 확률을 구하는 문제에서 기하분포를 적용하면 1분 혹은 10초 등이 단위 시간으로 정의되어야 한다.

기하확률분포함수 그리기

다음은 Wikipedia의 기하분포 그래프이다. 파이썬을 이용하여 그리자.

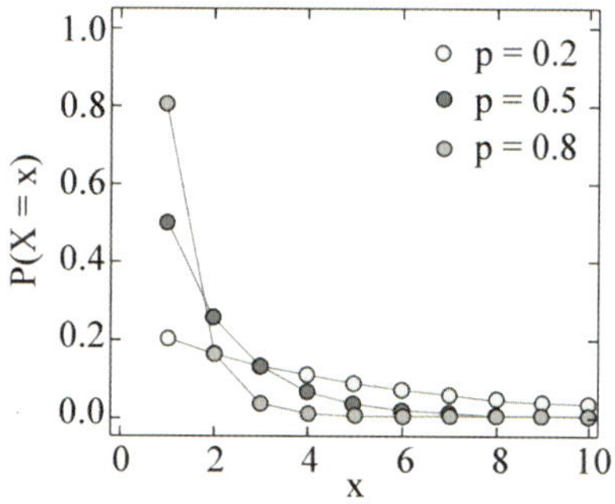

```
# 기하분포
import matplotlib.pyplot as plt
import numpy as np
from scipy.stats import geom
# 확률분포의 매개변수
p1=0.2;p2=0.5;p3=0.8  # 베르누이 시행의 성공 확률
# 시행 횟수에 대한 배열 생성 (1부터 20까지)
k_values = np.arange(1, 11)
# 기하분포의 확률질량함수(PMF) 계산
pmf1 = geom.pmf(k_values, p1)
pmf2 = geom.pmf(k_values, p2)
pmf3 = geom.pmf(k_values, p3)
# 그래프 그리기
plt.plot(k_values, pmf1,'o-')
plt.plot(k_values, pmf2,'o-')
plt.plot(k_values, pmf3,'o-')
plt.title('Geometric Distribution PMF with p=0.2, 0.5, 0.8')
plt.xlabel('x')
plt.ylabel('P(X)=x')
plt.show()
```

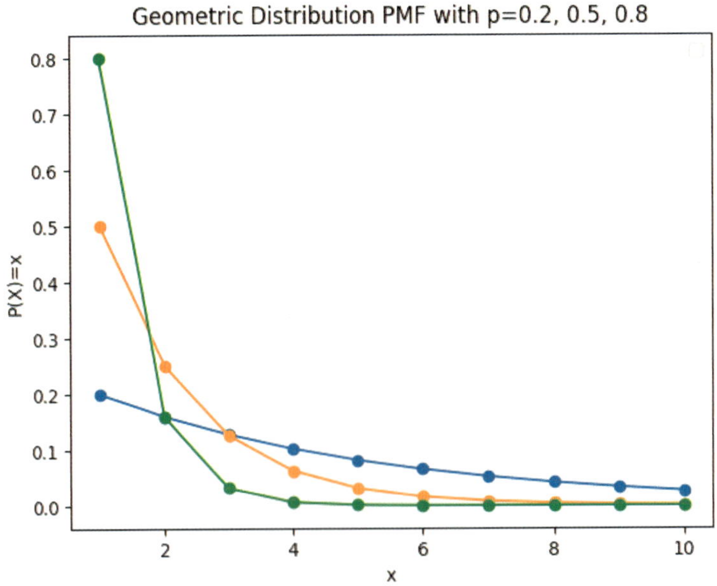

음이항분포(Negative binomial distribution) [optional] $X \sim NB(r,p)$

성공확률이 p인 시행에서 r번째 성공이 발생할 때까지 소요되는 실패횟수를 X라 하면, X는 음이항분포를 따르고 $X \sim NB(r,p)$ 확률분포함수는 다음과 같다.

$$f(x) = \binom{r+x-1}{x} p^r (1-p)^x, x = 0,1,2, \ldots \text{ (평균=}\frac{r(1-p)}{p}\text{, 분산=}\frac{r(1-p)}{p^2}\text{)}$$

음이항분포는 성공횟수 r 이 정수일 필요는 없으며 r 이 정수인 경우를 구별하여 Pascal(파스칼) 분포라고도 한다. 일반적으로 음이항분포라 함은 r 이 정수인 경우를 일컫는다. "음이항"의 의미는 무엇인가? 이항분포의 경우 n번 시행 중 성공횟수에 관한 분포라면 음이항분포는 r번 성공했을 때 시행횟수(X)에 관한 분포이므로 이런 이름을 갖게 되었다.

```
#음이항분포
import matplotlib.pyplot as plt
import numpy as np
import scipy.stats as st
x = np.arange(1, 50)
# 기하분포의 확률질량함수(PMF) 계산
pmf = st.nbinom.pmf(x,2,0.1)
# 그래프 그리기
plt.bar(x, pmf,color='green')
plt.title('Negative Binomial(r=2,p=0.1)')
plt.show()
```

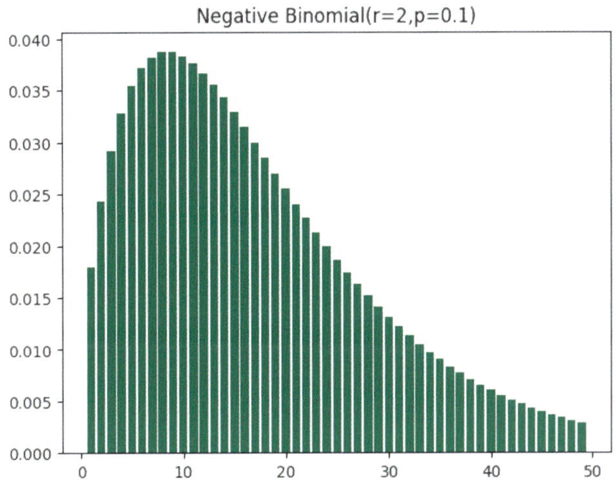

이산형 분포함수 관계

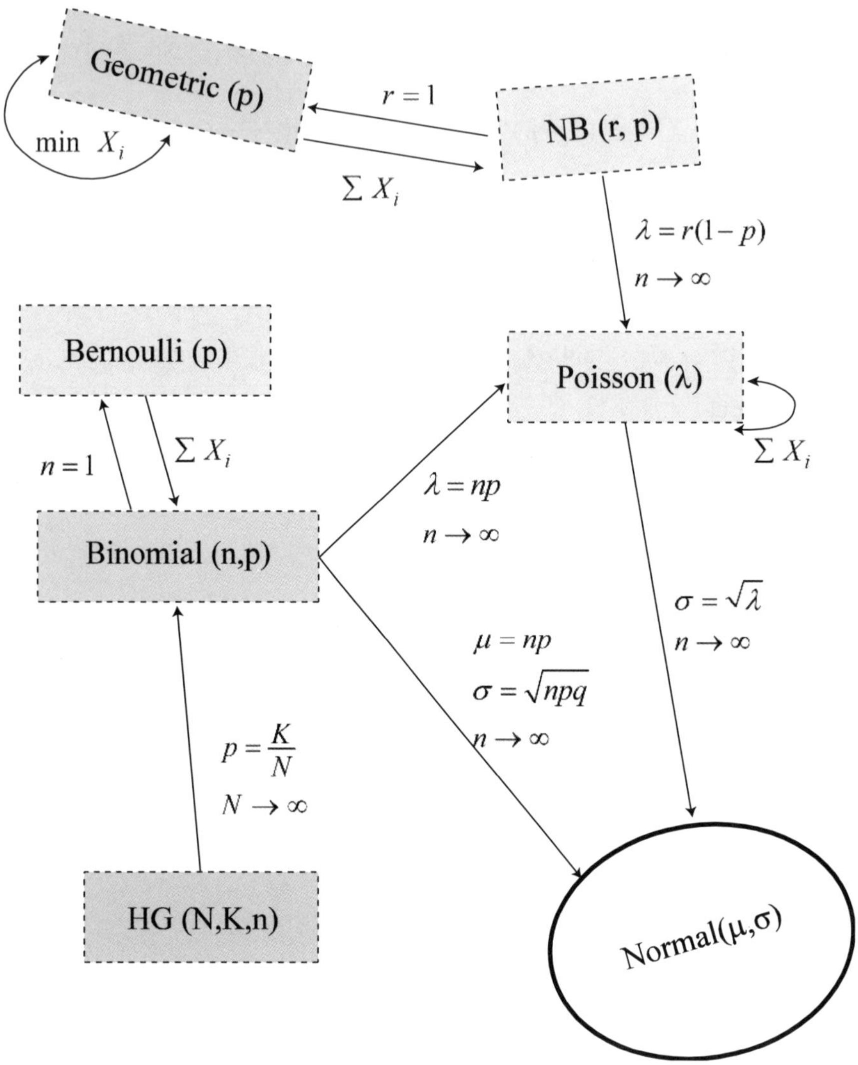

2.2.5 연속형 확률밀도함수

균일분포함수(continuous uniform distribution) $X \sim U(a,b)$

연속형 확률변수가 일정 구간 내에서 어느 값이든 일어날 가능성이 동일할 때 균일분포를 따른다고 하고 확률분포함수는 다음과 같다.

$$f(x) = \frac{1}{b-a}, \quad a < x < b \quad (\text{평균} = \frac{a+b}{2}, \ \text{분산} = \frac{(b-a)^2}{12})$$

정규분포함수(normal distribution) $X \sim N(\mu,\sigma)$

천문학 관련 측정 오차들에 대한 확률분포함수로 Gauss가 발견하여 Gaussian 분포라고도 하는 정규분포는 통계학에서 가장 중요한 확률분포이다. 정규(normal)의 의미는 이 분포를 따르지 않는 오차의 분포는 abnormal하다고 하였고 그에 대응하여 normal을 사용하게 되었다. 확률변수가 평균 μ, 표준편차가 σ인 정규분포를 따를 때 확률밀도함수는 다음과 같다.

$$f(x) = \frac{1}{\sqrt{2\pi}\sigma} e^{-\frac{(x-\mu)^2}{2\sigma^2}}, \quad -\infty < x < \infty \quad (\text{평균} = \mu, \text{ 분산} = \sigma^2)$$

평균 0, 표준편차 1인 표준정규분포 $z = \frac{x-\mu}{\sigma} \sim N(0,1)$ 확률밀도함수는 다음과 같다.

$$f(z) = \frac{1}{\sqrt{2\pi}} e^{-\frac{z^2}{2}}, \quad -\infty < z < \infty$$

정규확률분포함수 그리기

$N(0,1)$, $N(1,1)$, $N(1,\sqrt{2})$ 확률밀도함수를 한 그래프에 그리자. 좌우 대칭인 분포는 실증적 법칙에 의해 평균±3*표준편차를 범위로 지정해 주면 된다. $N(1,\sqrt{2})$ 우측 범위는 $1+3\sqrt{2}=5.24$에서 5까지만 정해 주었고 좌측 범위는 N(0, 1)에 의해 -3으로 정해 주었다.

```
# 초기하분포
import matplotlib.pyplot as plt
import numpy as np
import scipy.stats as st
x = np.arange(-3,5,0.01) #
# 정규분포 확률밀도함수(PDF) 계산
pdf1 = st.norm.pdf(x,0,1)
pdf2 = st.norm.pdf(x,1,1)
pdf3 = st.norm.pdf(x,1,2**0.5)
# 그래프 그리기
plt.plot(x, pdf1)
plt.plot(x, pdf2)
plt.plot(x, pdf3)
plt.title('Normal Dist. PDF')
plt.axvline(x=0, color='black', linestyle='--')
plt.legend(["N(0,1)", "N(1,1)","$N(1,\sqrt{2})$"], loc ="upper
right")
plt.show()
```

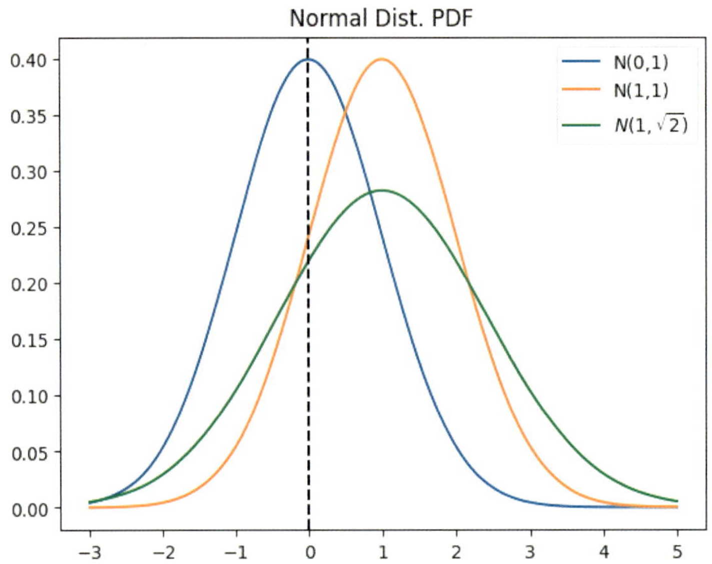

표준화(Standardization)

단위가 다른 두 집단의 관측값 정보를 상호 비교하기 위하여 표준화 개념을 도입하였다. 수능점수의 원 점수를 표준화한 표준화 점수를 이용하여 수능 과목 간 등급을 산정하는 것이 사례이다. 정규분포 확률밀도함수는 평균과 표준편차에 따라 그래프의 모양이 변하며, 확률 표는 무한히 많이 존재하므로 평균 0, 표준편차 1인 표준정규분포를 이용하는 것도 한 사례이다.

원 관측값 확률변수를 x 라 하고 평균을 μ, 표준편차를 σ라 하면 표준화는 다음과 같다. 확률변수 z 의 평균은 0, 표준편차는 1이다.

$$z = \frac{x - \mu}{\sigma}$$

T-score(점수)

T-스코어(T-score)는 통계에서 표준 점수를 나타내는 지표 중 하나로 표준화는 평균 0, 표준편차 1로 하여 비교한다면 T-점수는 평균이 50이고 표준 편차가 10인 정규분포를 기준으로 한다. T-스코어는 특정 점수가 평균으로부터 얼마나 떨어져 있는지를 나타내며, 표준화된 점수로 비교 및 해석이 용이하다. 서로 다른 지역의 학생들의 수업 성취도 비교, 부서가 서로 다른 직원들간 성과 비교 등에 사용된다. T-점수

계산은 다음과 같다. 수능 원 점수의 표준 점수는 평균 100, 표준편차 20으로 변환한다.

$$T = 50z + 10$$

지수분포(Exponential distribution) $X \sim Exp(\theta)$

비행기 엔진이 고장 나는 데 걸리는 시간의 길이, 고객이 도착하는 데 소요되는 시간의 길이, 자동차 검사에 걸리는 시간의 길이에 대한 확률분포함수는 우측으로 치우친(skewed to the right) 형태를 가지며 0에 주로 가까운 사건이 발생한다.

단위 시간당(주어진 구간) 변화(성공, 발생) 회수가 Poisson(λ=평균) 분포를 따른다고 하자. 변화가 발생하는 사이 시간 X에 대해 생각해 보자. 즉 첫 성공이 일어날 때까지의 시간 X에 대한 누적분포함수(cumulative distribution function, 5장 적분에서 자세히 다룬다)는 다음과 같이 구할 수 있다.

$$F(X) = \Pr(X \le x) = 1 - \Pr(X > x) = 1 - \Pr(\text{no change in } [0,x]) = 1 - e^{-\lambda x},\ \ 0 \le x < \infty$$

확률변수 X가 모수 λ인 지수분포를 따른다면 $X \sim Exp(\lambda)$ 확률밀도함수는 다음과 같다(미분 4장 참고, $f(x) = F'(x)$).

$$f(x) = \lambda e^{-\lambda x},\ \ 0 \le x < \infty \ \ (\text{평균} = \frac{1}{\lambda},\ \text{분산} = \frac{1}{\lambda^2})$$

$\lambda = \dfrac{1}{\theta}$일 경우 지수분포함수는 $f(x) = \dfrac{1}{\theta}e^{-x/\theta}$라 정의되고, 평균은 θ, 분산은 θ^2이다. θ는 사건(고장, 방문, 사고)이 일어나는 데 걸리는 평균 시간이므로 지수확률분포함수로 이 형태가 주로 사용된다. 지수분포의 모수 λ는 비율(rate) 모수라 하고 는 형상 모수라 한다.

와이블(Weibull) 분포 $X \sim Weibull(\gamma, \beta)$

기다리는 시간에 대한 분포로는 문제가 없으나 수명으로서 지수분포는 문제가 있다. 언제 어디서나 failure rate(실패율 λ)는 항상 동일하다는 것이다(memory-less 성질). 그러나 실제는 시간이 증가할수록 실패율은 증가한다. 이런 경우 수명에 대한 분포로 주로 사용되는 분포가 와이블 $X \sim Weibull(\gamma, \beta)$ 분포이며, 와이블 확률밀도함수는 다음과 같다. γ는 형상(shape) 모수, β는 크기(scale) 모수라 한다.

$$f(x \mid \gamma, \beta) = \frac{\gamma}{\beta}x^{\gamma-1}e^{-x^{\gamma}/\beta},\ \ x > 0\ \ (\text{평균} = \beta\Gamma(1+\frac{1}{\gamma}),\ \text{분산} = \beta^2\Gamma(1+\frac{2}{\gamma}) - \mu^2)$$

$\gamma = 1$ 인 경우 와이블 분포는 지수분포와 동일하다.

감마 분포(Gamma distribution) $X \sim Gamma(\alpha, \beta)$

감마 분포는 지수분포와 유사한 분포로 포아송 분포를 따르는 사건이 α 번 일어나는 동안 소요되는 시간에 대한 분포이다. 모수 (α, λ) 에서 α 는 형상 모수, λ 는 크기 모수라 한다. 만약 $(x_1, x_2, \ldots, x_\alpha)$ 가 서로 독립이고 모수가 λ 인 지수분포를 따른다면, $Y = \sum_{i=1}^{\alpha} x_i$ 는 모수가 (α, λ) 인 감마 분포 $Gamma(\alpha, \lambda)$ 를 따른다.

다음은 포아송 분포와 감마 분포의 관계를 나타낸 것이다.

$$X \sim Gamma(\alpha, \lambda),\ Y \sim Poisson(x/\lambda) \Rightarrow P(X \le x) = P(Y \ge \alpha)$$

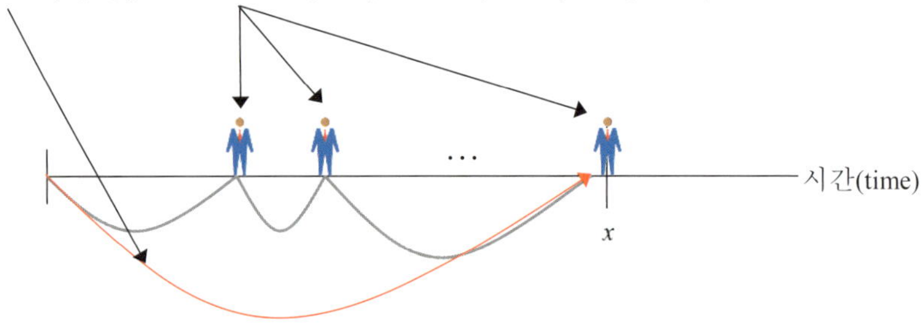

확률변수 X 가 모수 (α, λ) 인 감마 분포를 따를 때 $Gamma(\alpha, \lambda)$ 확률밀도함수는 다음과 같다.

$$f(x) = \frac{\lambda^\alpha}{\Gamma(\alpha)} x^{\alpha-1} e^{-\lambda x},\ 0 \le x\ (\text{평균} = \frac{\alpha}{\lambda},\ \text{분산} = \frac{\alpha}{\lambda^2})$$

(참고) $\Gamma(n) = (n-1)!$

(참고) 모수가 $\theta = \frac{1}{\lambda}$ 이면 확률밀도함수 $f(x) = \frac{1}{\Gamma(\alpha)\theta^\alpha} x^{\alpha-1} e^{-x/\theta}$, 평균은 $\alpha\theta$ 이고 분산은 $\alpha\theta^2$ 이다.

감마 확률분포함수 그리기

Gamma(α=1, λ=1), Gamma(α=3, λ=1), Gamma(α=5, λ=1/2), Gamma(α=5, λ=1/4), $Gamma\left(\alpha = 5, \lambda = \frac{1}{4}\right)$ 감마 분포 그래프을 파이썬 이용하여 그리자.

```
#감마 분포
import matplotlib.pyplot as plt
import numpy as np
import scipy.stats as st
x = np.arange(0,10,0.01) #
# 정규분포 확률밀도함수(PDF) 계산
pdf1 = st.gamma.pdf(x,1,0,1)
pdf2 = st.gamma.pdf(x,3,0,1)
pdf3 = st.gamma.pdf(x,5,0,1/2)
pdf4 = st.gamma.pdf(x,5,0,1/4)
# 그래프 그리기
plt.plot(x, pdf1)
plt.plot(x, pdf2)
plt.plot(x, pdf3)
plt.plot(x, pdf4)
plt.title('Gamma Dist. PDF')
plt.legend([r"$\alpha$ =1, $\lambda$ =1",r"$\alpha$ =3, $\lambda$ =1",
r"$\alpha$ =5, $\lambda$ =1/2",r"$\alpha$ =5, $\lambda$ =1/4"], loc
="best")
plt.show()
```

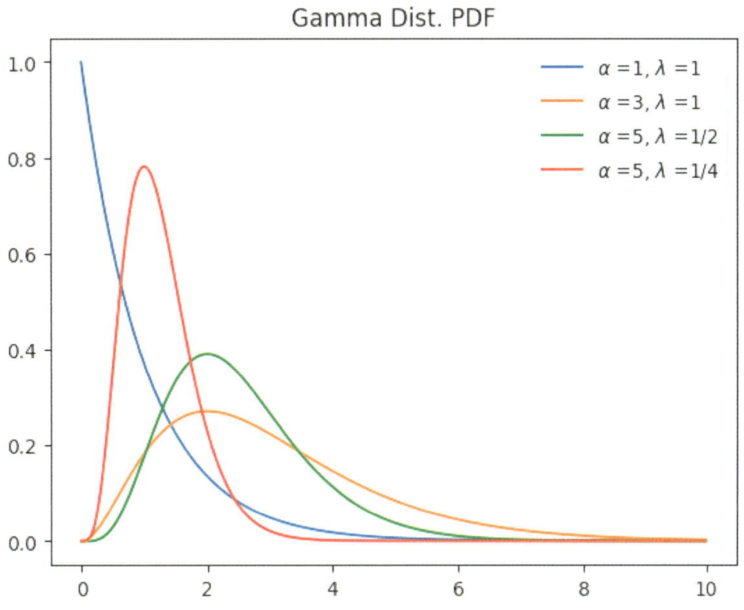

카이제곱분포(Chi-square distribution) $X \sim Chi-square(r)$

서로 독립인 r개의 표준정규분포(z_i) 확률변수 제곱 합이 ($\sum_{i=1}^{r} z_i^2$)을 갖는 확률밀도함수이다.

$$f(x) = \frac{1}{2^{r/2}\Gamma(r/2)} x^{r/2-1} e^{-x/2}, \ 0 \le x \ (\text{평균} = r,\ \text{분산} = 2r)$$

카이제곱분포는 감마 분포 $X \sim Gamma(\alpha = r/2, \beta = 2)$ 의 특수한 형태이고 형상모수 r 을 자유도(degree of freedom)라 한다.

t-분포(t-distribution) $X \sim t(k)$

서로 독립인 표준정규분포 Z, 모수 r인 카이제곱분포 V의 관계식 $W = \frac{Z}{\sqrt{V/r}}$ 이 갖는 확률밀도함수이다. 필명이 Student인 W. S. Gosset에 의해 제안되어 (독일 Dublin의 맥주 공장장으로 데이터의 크기가 적은 경우 관측 값이 정규분포에 따르지 않음) 이를 Student t-분포라 부른다. t-분포의 모수 k도 자유도라 하며 분포함수의 형태는 표준정규분포와 유사하다. 표준정규분포와 같이 좌우 대칭이며 양쪽 꼬리가 표준정규분포에 비해 두꺼운 형태를 갖는다. 그리고 모수 k 가 커지면 표준정규분포에 근사한다.

$$f(x) = \frac{\Gamma(k/2+1)}{\sqrt{k\pi}\Gamma(k/2)}(1 + x^2/k)^{-(k+1)/2}, \ -\infty < x < \infty \ (\text{평균} = 0,\ \text{분산} = \frac{k-2}{k})$$

표준정규분포와 t-분포 관계

표준정규분포 $N(0,1)$, $t(10)$, t(50) 확률분포함수 그래프를 한 그래프에 그려보자.

```
#정규분포, t-분포 관계
import matplotlib.pyplot as plt
import numpy as np
import scipy.stats as st
x = np.arange(-3,3,0.01) #
# 정규분포 확률밀도함수(PDF) 계산
pdf1 = st.norm.pdf(x,0,1)
pdf2 = st.t.pdf(x,20)
pdf3 = st.t.pdf(x,100)
```

```
# 그래프 그리기
plt.plot(x, pdf1)
plt.plot(x, pdf2)
plt.plot(x, pdf3)
plt.title('Normal, t-Dist. PDF')
plt.legend(["N(0,1)","t(10)",'t(50)'], loc ="best")
plt.show()
```

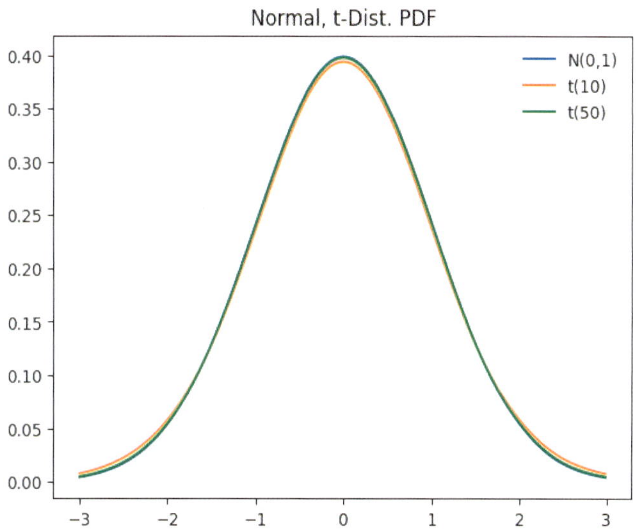

F−분포(F−Distribution) $X \sim F(r_1, r_2)$

서로 독립인 두 카이제곱분포의 ($V_i \sim Chi-square(r_i)$) 관계식 $W = \dfrac{V_1 / r_1}{V_2 / r_2}$ 이 갖는 확률밀도함수이다. F−분포의 모수는 (r_1 = 분모 자유도, r_2 = 분자 자유도)이다. 분포함수와 분산 식을 복잡하여 생략하였다. F−분포의 평균은 $r_1/(r_1 + r_2)$ 이다.

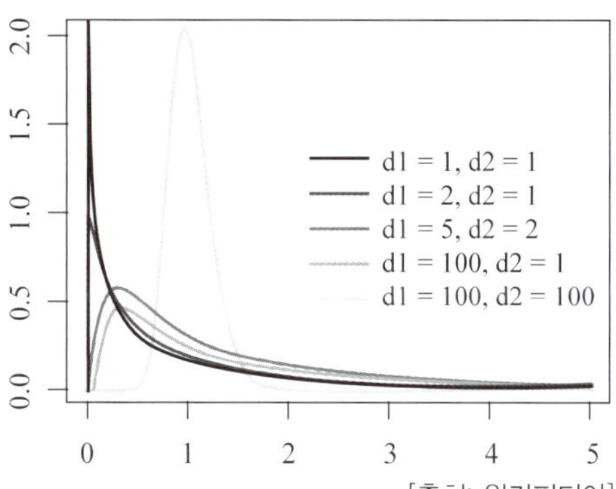

[출처: 위키피디아]

베타 분포(Beta distribution) $X \sim Beta(\alpha, \beta)$

서로 독립인 두 감마 분포의 ($X \sim Gamma(\alpha,\theta)$), $X \sim Gamma(\beta,\theta)$)의 관계식 $W = \dfrac{X}{X+Y}$ 이 갖는 확률밀도함수이다. 베타 분포의 모수 α, β 모두는 형상(shape) 모수이다. 평균은 $\alpha/(\alpha+\beta)$, 분산은 $\alpha\beta/\{(\alpha+\beta)^2(\alpha+\beta+1)\}$ 이다.

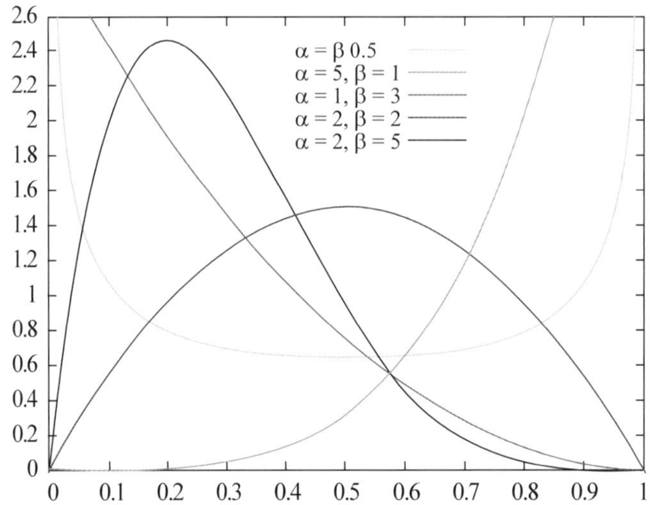

[출처: 위키피디아]

이항분포의 포아송 분포 근사(Binomial approximation to Poisson)

이항분포모수 n가 무한히 커질 때 $B(n,p)$는 포아송 분포에 근사한다.

$$P(X \le k \mid X \sim B(n,p)) \approx P(X \le k \mid X \sim Pisson(\lambda = np))$$

포아송 분포 근사

P(X≤2|X~B(10,0.1), P(X≤10|X~B(500,0.1)을 이항분포와 포아송 분포을 이용하여 구하자.

```
import scipy.stats as st
st.binom.cdf(2,10,0.1),st.poisson.cdf(2,1)
(0.9298091736, 0.9196986029286058)

import scipy.stats as st
st.binom.cdf(10,50,0.1),st.poisson.cdf(10,5)
(0.990645398412671, 0.9863047314016171)
```

이항분포의 정규분포 근사(Binomial approximation to Normal)

이항분포 크기 모수 n가 무한히 커질 때($n \to \infty$) 이항분포 $B(n,p)$는 정규분포 $Normal\ (np,npq)$에 근사한다. 컴퓨터가 발달하지 않을 때는 n이 커지면 $C(n,x)$을 계산하는 것이 불가능하여 근사 규칙을 이용하여 이항분포의 확률을 계산하였다.

이항분포확률을 정규분포에 근사하여 확률값을 구할 때는 연속보정(continuity correction)을 고려해야 한다. 이는 이산형의 경우 임의의 한 값에서 확률은 확률 막대 높이이므로 값이 존재하지만 연속형인 경우 확률은 면적이므로 한 값의 확률은 0이 되므로 이를 보정해 주는 역할을 연속보정이 한다. 연속보정의 부등식의 바깥쪽으로 0.5만큼 넓혀주게 된다.

$$P(m \le X \le n \mid X \sim B(n,p)) \approx P(m-0.5 \le X \le n+0.5 \mid X \sim N(np,npq))$$

포아송 분포도 모수 λ가 커지면 정규분포에 근사한다.

이항분포 정규분포 근사

$P(X \le 3 \mid X \sim B(50,0.1))$, $P(X \le 6 \mid X \sim B(100,0.1))$, $P(5 \le X \le 18 \mid X \sim B(50,0.4))$ 확률을 이항분포로 구하고 정규분포 근사로 구하여 비교하자. n 크기보다는 비율 p가 0.5에 가까울수록 빨리 근사한다. 정규분포의 경우 0.5만큼 연속 보정하여 구하자.

```
import scipy.stats as st
st.binom.cdf(3,50,0.1),st.binom.cdf(6,100,0.1),st.binom.cdf(18,50,0.4)-st.
binom.cdf(4,50,0.4)
(0.250293905953308, 0.11715561543588449, 0.3356128442525988)
```

```
import scipy.stats as st
st.norm.cdf(3.5,5,4.5**0.5),st.norm.cdf(6.5,10,9**0.5),st.norm.cd-
f(18.5,20,12**0.5)-st.norm.cdf(4.5,20,12**0.5)
(0.23975006109347669, 0.12167250457438122, 0.3324989408999675)
```

분포 관계식

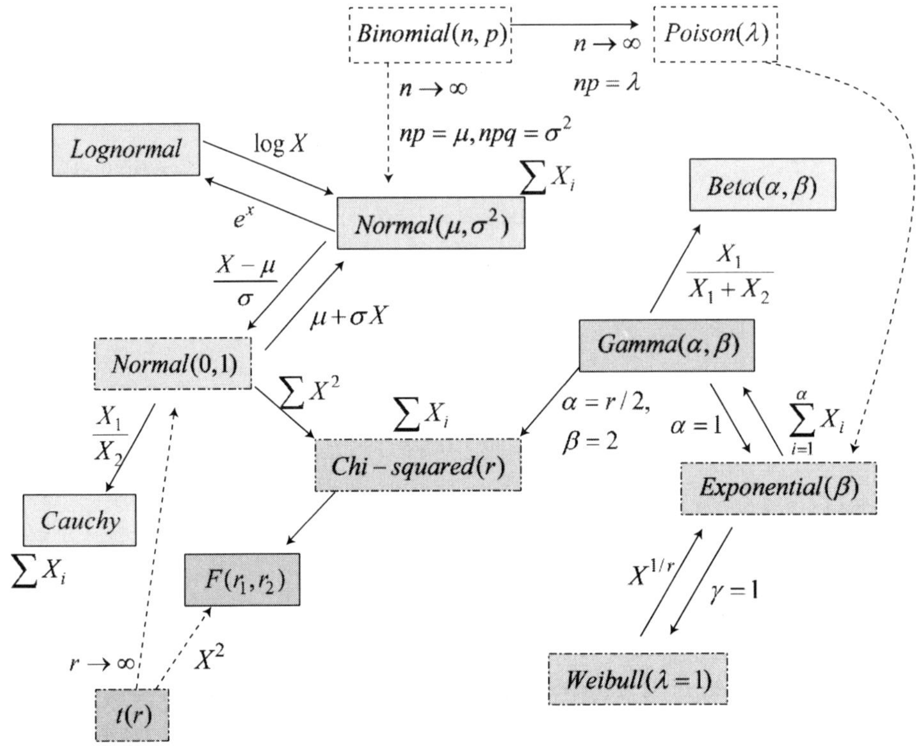

2.2.6 삼각함수

각(angle)에 대한 함수로 circular 함수라고도 하며, 주기에 대한 함수로 사용된다. 각 C가 직각이고 나머지 각들이 A, B인 삼각형을 다음과 같이 정의하자. 각 A의 수평선 길이를 a, 삼각형 높이를 b, 사면 길이를 h라 하자.

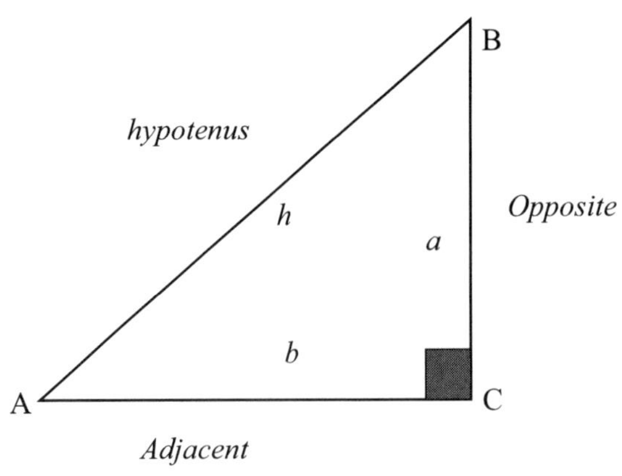

definition 삼각함수(trigonometric function)

(1) $\sin(A) = a/h$ (sine A)
(2) $\cos(A) = b/h$ (cosine A)
(3) $\tan(A) = a/b$ (tangent A)
(4) $\sec(A) = 1/\cos(A)$ (secant A)
(5) $\csc(A) = 1/\sin(A)$ (cosecant A)
(6) $\cot(A) = 1/\tan(A)$ (cotangent A)

그러므로 $\tan(A) = \dfrac{\sin A}{\cos A}$ 가 성립한다. 다음 항등식은 본 저서에서는 증명하지 않고 결과만 사용한다.

삼각함수 항등식

(1) $\sin^2(A) + \cos^2(A) = 1$
(2) $\sin(A \pm B) = \sin(A)\cos(B) \pm \sin(A)\cos(B)$
(3) $\cos(A \pm B) = \cos(A)\cos(B) \mp \sin(A)\sin(B)$
(4) $\sin(\frac{\pi}{2} - A) = \cos(A)$, $\cos(\frac{\pi}{2} - A) = \sin(A)$, $\tan(\frac{\pi}{2} - A) = \cot(A)$
(5) $\sin(-A) = -\sin(A)$, $\cos(-A) = \cos(A)$, $\tan(-A) = -\tan(A)$

삼각함수값

각 degree	원주율 radius	Sin(x)	Cos(x)	Tan(x)
0	0	0	1	0
15°	π/12	$\frac{\sqrt{3}-1}{2\sqrt{2}}$	$\frac{\sqrt{3}+1}{2\sqrt{2}}$	$2-\sqrt{3}$
30°	π/6	1/2	$\frac{\sqrt{3}}{2}$	$\frac{1}{\sqrt{3}}$
45°	π/4	$\frac{1}{\sqrt{2}}$	$\frac{1}{\sqrt{2}}$	1
60°	π/3	$\frac{\sqrt{3}}{2}$	1/2	$\sqrt{3}$
75°	5π/12	$\frac{\sqrt{3}+1}{2\sqrt{2}}$	$\frac{\sqrt{3}-1}{2\sqrt{2}}$	$2-\sqrt{3}$
90°	π/2	1	0	정의 불가

삼각함수값

Radius π는 'pi'로 내장되어 있다.
'-1.224e-16' → -0.0000000000000001224
와 동일하므로 0이다.

```
import numpy as np
np.pi,np.sin(np.pi/2),np.sin(np.pi)
(3.141592653589793, 1.0,
1.2246467991473532e-16)
```

파이썬 삼각함수 그래프

```
import numpy as np
from matplotlib import pyplot as plt
from matplotlib.ticker import FuncFormatter, MultipleLocator

fig,ax = plt.subplots()

x = np.linspace(-3*np.pi,3*np.pi,100)
y1 = np.sin(x)
y2 = np.cos(x)
ax.plot(x,y1)
ax.plot(x,y2)
#ax.xaxis.set_major_formatter(FormatStrFormatter('%g $\pi$'))
ax.xaxis.set_major_formatter(FuncFormatter(
lambda val,pos: '{:.0g}$\pi$'.format(val/np.pi) if val ≠0 else '0'))
ax.xaxis.set_major_locator(MultipleLocator(base=np.pi))
plt.axvline(x=0, color='black',linewidth=0.7)
plt.axhline(y=0, color='black',linewidth=0.7)
plt.legend(["sine",'cosine'], loc ="best")
plt.show()
```

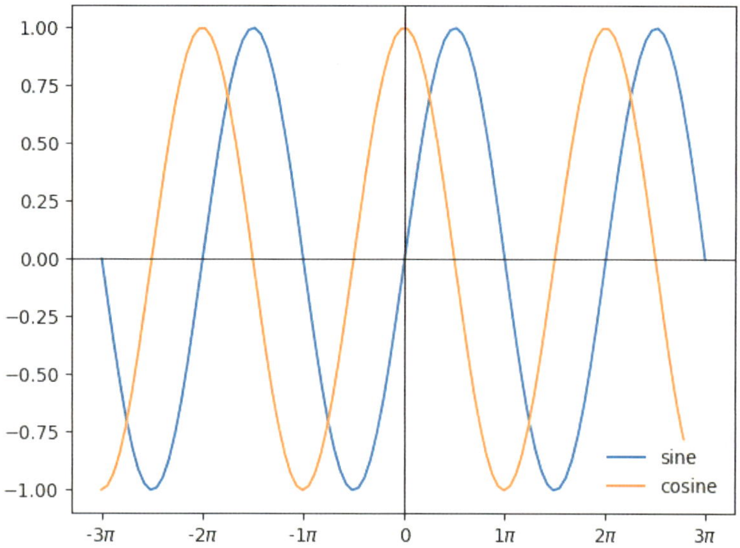

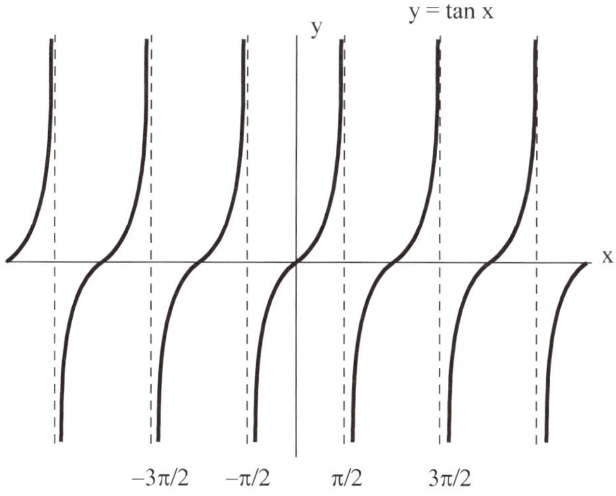

2.2.7 우함수와 기함수

만약 $f(-x)=f(x)$ 이면 함수 $f(x)$ 는 우함수(even function)라 한다. 우함수는 y-축을 기준으로 반을 접으면 왼쪽 그래프가 일치하게 된다. 만약 $f(-x)=-f(x)$ 이면 함수 $f(x)$ 는 기함수(odd function)라 정의한다. 기함수의 경우에는 원점을 지나는 45° 직선을 기준으로 두 그래프가 동일하다.

다음 함수가 우함수, 기함수, 일반함수인지 구별하시오.

함수	형태	함수	형태
$y=x^2$	우함수	$y=\cos x$	우함수
$y=x^2+1$	우함수	$y=\sin x$	기함수
$y=x$	기함수	$y=\tan x$	기함수
$y=x+1$	아무 것도 아님	$y=\sec x$	우함수

함수 구별

다음 함수형태가 우함수, 기함수, 일반함수인지 보이시오.

(1) $y=x+x^3$ (2) $y=x+x^2$ (3) $y=\dfrac{x}{x^2-1}$

(4) $y=\dfrac{1}{x-1}$ (5) $y=\dfrac{x^2}{x^2-1}$

풀이

(1) $f(-x)=-x+(-x)^3=-(x+x^3)=-f(x)$: 기함수, (2) 일반함수

(3) $f(-x)=\frac{-x}{(-x)^2-1}=-(\frac{x}{x^2-1})$: 기함수, (4) 일반함수

(5) $f(-x)=\frac{(-x)^2}{(-x)^2-1}=\frac{x^2}{x^2-1}$: 우함수

2.2.8 특수한 함수

•• 구간함수(function defined in pieces)

정의역의 구간에 따라 함수 형태가 다른 경우 이를 구간함수라 한다.

구간함수 예

$$y=f(x)=\begin{cases}-x & \text{for } x<0\\ x^2 & \text{for } 0\le x\le 1\\ 1 & \text{for } x>1\end{cases}$$

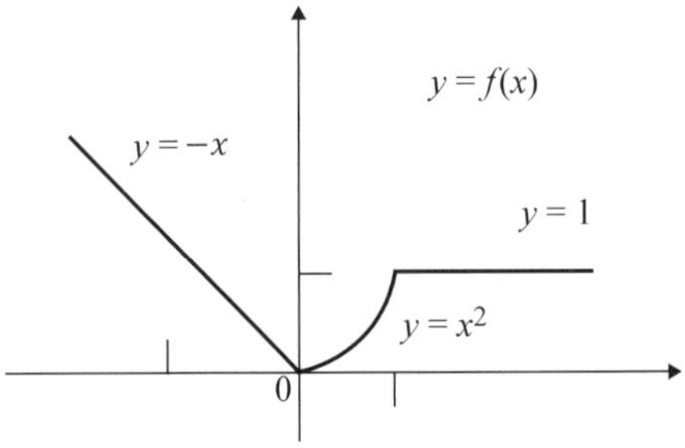

구간함수 예

다음 구간 함수를 파이썬에서 그리시오.

$$y = \begin{pmatrix} 1-x & \text{if} & 0 \le x \le 1 \\ 2-x & \text{if} & 1 < x \le 2 \end{pmatrix}$$

```
import numpy as np
from matplotlib import pyplot as plt
fig,ax = plt.subplots()
x1 = np.linspace(0,1,100)
x2 = np.linspace(1,2,100)
y1 = 1-x1
y2 = 2-x2
ax.plot(x1,y1)
ax.plot(x2,y2)
plt.xlim([0,2])
plt.legend(["1-x","2-x"], loc ="best")
plt.show()
```

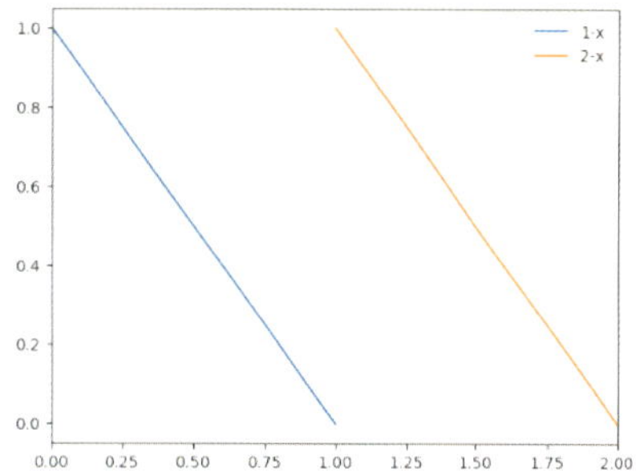

•• 합성함수(composite function)

함수 g 와 f 의 합성함수는 함수 $g(x)$ 가 함수 $f(x)$ 의 투입(x)으로 사용되는 함수이며 $f(g(x))$ 로 나타낸다.

(기호) $f \cdot g(x) = f(g(x))$ $fog(x) = f(g(x))$

합성함수

$g(x) = x^2$, $f(x) = x-7$ 일 경우 $f(g(x))$ 함수를 구하고 $f(g(2))$ 을 계산하시오.

$f(g(x)) = g(x) - 7 = x^2 - 7$ ➜ $f(g(2)) = 2^2 - 7 = -3$

합성함수

$g(x) = x^2$, $f(x) = x-7$ 일 경우 $g(f(x))$ 함수를 구하고 $g(f(2))$ 을 계산하시오.

$g(f(x)) = f(x)^2 = (x-7)^2$ ➜ $g(f(2)) = (2-7)^2 = 25$

•• 정수함수(integer function)

$f(x) = \lfloor x \rfloor$는 x을 넘지 않는 최대 정수를 의미한다.

(예제) $\lfloor 1.2 \rfloor = 1$, $\lfloor 1.6 \rfloor = 1$, $\lfloor 0 \rfloor = 0$, $\lfloor -0.5 \rfloor = -1$, $\lfloor -2.7 \rfloor = -3$

정수함수

$y = \lfloor x \rfloor, -3 < x < 3$ 그래프 그리시오.

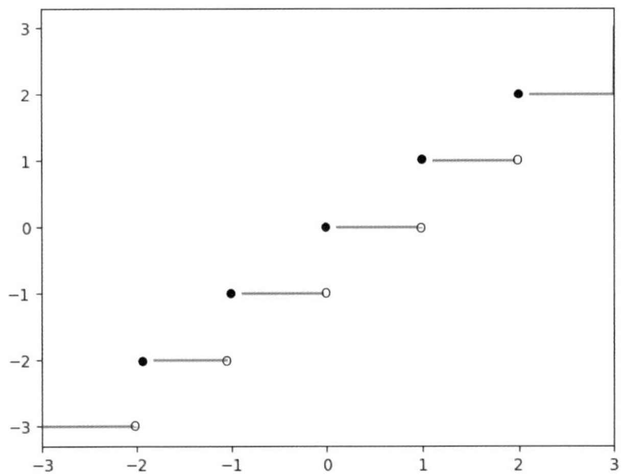

누적분포함수(cumulative probability density function)

확률변수 X이고 확률밀도함수가 (PDF) $p(x)$인 경우, $-\infty$으로부터 임의의 x까지 확률을 누적시킨 함수를 누적확률분포함수라 한다. 기호는 $F(x)$이다.

$$F(x) = P(X \le x)$$

확률은 음수일 수 없으므로 누적분포함수 단조 증가함수(monotone increasing function)이다. 이산형 누적확률분포함수는 계단 함수 형태이고 연속형 누적확률분포함수는 임의의 점까지의 적분 값으로 연속형 함수이다. (적분 참고)

누적분포 함수 예

- 모수 λ=2인 포아송 분포의 확률밀도함수는 $p(x) = \frac{2^x e^{-2}}{x!}, x = 0, 1, 2, \ldots$이므로 누적확률분포함수는 $F(x) = P(X \le x) = \sum_{x=0}^{x} \frac{2^x e^{-2}}{x!}, x = 0, 1, 2, \ldots$이다.

- 모수 λ=2인 지수분포의 확률밀도함수는 $f(x) = 2e^{-2x}, 0 < x$이므로 누적확률분포 함수는 $F(x) = \int_0^x 2e^{-2x}dx = 1 - e^{-2x}, x > 0$이다. 연속형 누적확률분포함수의 미분은 확률밀도함수이다. 즉, $F'(x) = f(x)$

2.2.9 함수 사칙연산

함수 간 사칙연산은 숫자 사칙 연산과 동일하다.

함수연산	연산 내용
f	$(x+1)$
g	x^2
$f \pm g$	$f - g = 1 + x - x^2$, $f + g = 1 + x + x^2$
$\frac{g}{f}$	$\frac{g}{f} = \frac{x^2}{(x+1)}$
$\frac{f}{g}$	$\frac{f}{g} = \frac{(x+1)}{x^2}$
$f(g(x))$	$f(g(x)) = (x^2 + 1)$
$g(f(x))$	$g(f(x)) = (x+1)^2$

함수연산

❶ $f(x) = x+1$, $g(x) = x-1$ 일 때 다음을 구하자.

① $f(g(0))$ ② $g(f(0))$ ③ $f(g(1))$ ④ $g(f(1))$

풀이 (1) $f(g(x)) = (x-1)+1$이므로 $f(g(0)) = 0$
(4) $g(f(x)) = (x+1)-1$이므로 $g(f(1)) = 1$

❷ $f(x) = 2x-4$, $g(x) = x^2+2$ 일 경우 다음을 구하자.

① $f(g(0))$ ② $g(f(0))$ ③ $f(f(2))$ ④ $g(g(2))$

풀이 (1) $f(g(x)) = 2(x^2+2)-4$이므로 $f(g(0)) = 0$
(4) $g(g(x)) = (x^2+2)^2+2$이므로 $g(f(2)) = 38$

❸ 함수 $f(x) = \lfloor x \rfloor - x, -3 < x < 3$을 그리자.

❹ 다음 마술을 함수로 나타내 보시오. 마음으로 숫자(x)를 생각하자. "그 숫자에 5를 더하고 2를 곱하자. 결과에 6을 빼고 2로 나눈 후 2을 다시 빼자. 이제 숫자를 말하자." 이 마술에서 숫자를 어떻게 맞출 수 있을까?

풀이 시크릿 숫자를 X, 응답한 숫자를 Y라 하면 $\frac{(X+5)*2-6}{2} - 2 = Y$이 성립하므로 $X = \frac{2(Y+2)+6}{2} - 5 = 2Y$이다. 그러므로 응답한 숫자의 2배가 생각한 시크릿 숫자이다.

❺ $f(x)$ 기함수, $g(x)$ 우함수일 경우,

(1) 두 함수의 곱은 어떤 함수일까?

(2) 두 함수의 합은?

풀이 $f(-x) = -f(x)$(기함수), $g(-x) = g(x)$(우함수)가 주어져 있다.

(1) $f(-x)g(-x) = -f(x)g(x)$ 이므로 기함수이다.

(2) $f(-x) + g(-x) = -f(x) + g(x)$이므로 일반함수이다.

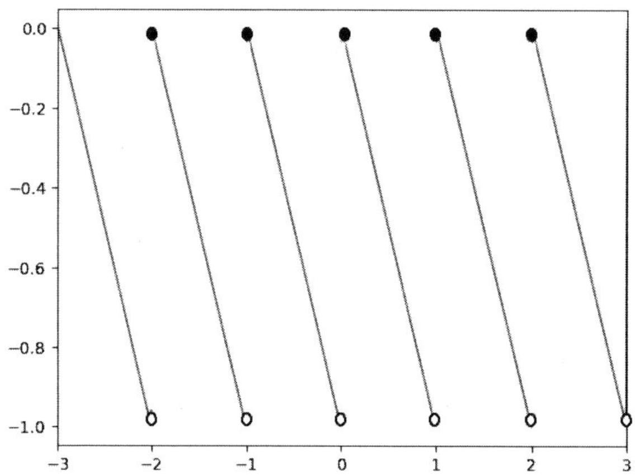

2.3 절댓값

2.3.1 개념

숫자 x의 절댓값 $|x|$(absolute value of x)는 다음과 같이 정의된다. 즉, 결과는 양의 값이다.

$$|x| = \begin{cases} x & \text{if } x \geq 0 \\ -x & \text{if } x < 0 \end{cases}$$

절댓값

다음은 절댓값 계산의 예제이다.

(1) $|3| = 3$ (2) $|0| = 0$

(3) $|-2| = 2$ (4) $|-1.5| = 1.5$

$|2x-3| = 7$ 의 해를 구하자.

$2x-3 = \pm 7$ 이므로 방정식 $2x-3=7$ 과 $2x-3=-7$ 의 해를 구하는 것이다.

그러므로 $x=5, x=-2$ 가 해이다.

절댓값 수식

(1) $|-a| = |a|$

(2) $|ab| = |a||b|$

(3) $|a/b| = |a|/|b|$

절댓값 수식

(1) $|-\sin x| = |\sin x|$

(2) $|-2x-10| = |-2(x+5)| = 2|x+5|$

(3) $|3/x| = 3/|x|$

2.3.2 삼각부등식

다음을 삼각부등식(triangle inequality)이라 한다.

$$|a+b| \le |a| + |b|$$

[참고] a와 b의 부호가 다르면 $<$이 성립하고 그렇지 않으면 =이 성립한다.

삼각부등식

(1) $|-3+5| = |2| = 2 \le |-3| + |5| = 8$

(2) $|3+5| = 8 = |3| + |5| = 8$

(3) $|-3-5|=|-8|=8=|-3|+|-5|=8$

[참고] $|a-b|=|b-a|$

(증명) $|a-b|=|-(b-a)|=|-1||b-a|=|b-a|$

2.3.3 절댓값과 두 점 사이의 거리

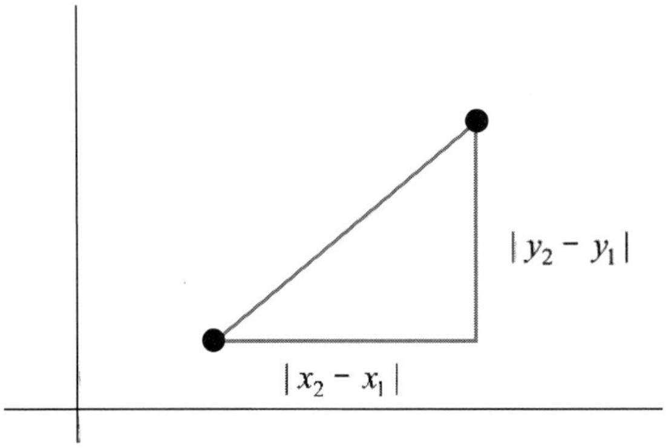

피타고라스 정리(Pythagorean Theorem)에 의해 두 점 P, Q 사이의 거리는

$d=\sqrt{(x_2-x_1)^2+(y_2-y_1)^2}$ 이다.

삼각부등식

두 점 $P(-1,2)$, $Q(3,4)$ 의 거리를 구하자.

$$\sqrt{(3-(-1))^2+(4-2)^2}=\sqrt{16+4}=\sqrt{20}=2\sqrt{5}$$

2.3.4 절댓값과 구간

만약 D가 양수이면 다음이 성립한다.

(1) $|a|<D \Leftrightarrow -D<a<D$, $|a|\le D \Leftrightarrow -D\le a\le D$

(2) $|a|>D \Leftrightarrow a>D, a<-D$, $|a|\ge D \Leftrightarrow a\ge D, a\le -D$

삼각부등식

다음 부등식(inequality)을 만족하는 x 값을 구하자.

(1) $|x-5|<9 \Rightarrow -9<x-5<9 \Rightarrow -9+5<x<9+5 \Rightarrow -4<x<14$

(2) $|\frac{2x}{3}| \geq 1 \Rightarrow \frac{2x}{3} \geq 1, \frac{2x}{3} \leq -1 \Rightarrow 3/2 \leq x, x \leq -3/2$

(3) $|5-\frac{2}{x}|<1 \Rightarrow -1<5-\frac{2}{x}<1 \Rightarrow -6<-\frac{2}{x}<-4 \Rightarrow 6>\frac{2}{x}>4 \Rightarrow 3>\frac{1}{x}>2 \Rightarrow 1/3<x<1/2$

2.3.5 부등식 성질

(1) $a<b \Rightarrow a+c<b+c$

(2) $a<b \Rightarrow a-c<b-c$

(3) $a<b$ and $c>0 \Rightarrow ac<bc$

(4) $a<b$ and $c>0 \Rightarrow a/c<b/c$

(5) $a<b \Rightarrow -b<-a$

(6) $a<b \Rightarrow 1/a>1/b$ (단 a, b의 부호 동일)

부등식 성질

(1) 다음 방정식의 해를 구하자.

① $|2s+1|=9$

② $|\frac{s}{2}-1|=1$

(2) 다음 부등식에서 x에 대한 구간을 구하자.

① $|\frac{2x+1}{3}|<1$

② $|3x-7|\leq 2$

③ $|1-x|\geq 2$

2.4 극한

2.4.1 정의

임의의 $\varepsilon > 0$가 주어졌을 때, 모든 x에 대해 $0 < |x - x_0| < \delta \Rightarrow |f(x) - L| < \varepsilon$을 만족하는 $\delta > 0$가 존재한다고 하자. 위의 조건을 만족하는 경우 x가 x_0가 가까워지면 (접근하면, approach $x \to x_0$), 함수 $f(x)$의 극한은 존재하며 극한값은 L이다.

$$\lim_{x \to x_0} f(x) = L$$

극한값과 함수값은 다르다. 아래 함수에서 x_0에서의 함수값은 $L1 = f(x_0)$이다. 극한값은 좌극한이냐 우극한이냐에 따라 다르다. L2는 좌극한, L1은 우극한값이다. 함수값과 극한값이 일치하는 경우에 이를 연속함수라 한다. 아래 함수의 경우 x_0에서의 극한값은 존재하지 않는다.

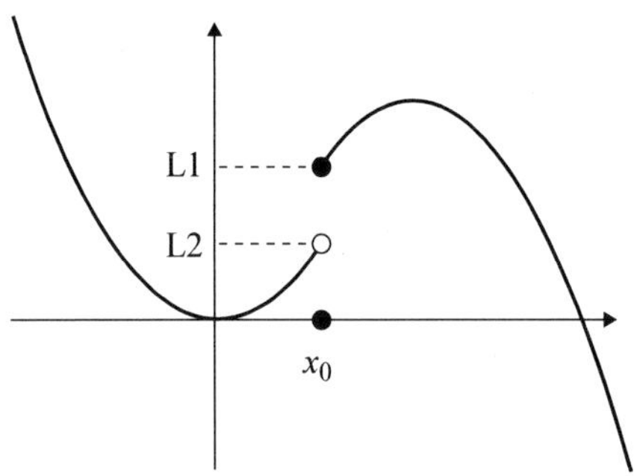

[출처: 위키피디아]

2.4.2 계산

주어진 ε에 대해 δ를 얻는 과정은 다소 지루할 뿐 아니라 강의 범주를 벗어나므로 다루지 않기로 한다. 대신 극한값을 구하는 데 필요한 개념과 규칙을 살펴 보자.

규칙 ① (1) $\lim_{x \to c} x = c$ (2) $\lim_{x \to c} k = k$ (k는 상수)

위의 규칙과 다음 규칙만 가지고 모든 다항식(polynomial)과 대부분의 유리함수(rational function), 그들의 사칙연산으로 얻어진 함수의 극한값을 얻을 수 있다.

(3) $\lim_{x\to c} f(x) = L_1$이고, $\lim_{x\to c} g(x) = L_2$ 일 때 다음이 성립한다.

① 합의 규칙: $\lim_{x\to c}[f(x)+g(x)] = L_1 + L_2$

② 차 규칙: $\lim_{x\to c}[f(x)-g(x)] = L_1 - L_2$

③ 곱 규칙: $\lim_{x\to c}[f(x)g(x)] = L_1 L_2$

④ 상수 곱의 규칙: $\lim_{x\to c}[kf(x)] = kL_1$

⑤ 나누기 규칙: $\lim_{x\to c}[\frac{f(x)}{g(x)}] = \frac{L_1}{L_2}$ 단, $L_2 \neq 0$

극한 계산 (1)

(1) $\lim_{x\to c} x^2 = \lim_{x\to c} xx = cc = c^2$ (곱의 규칙, $\lim_{x\to c} x = c$)

(2) $\lim_{x\to c} x^2 + 5 = \lim_{x\to c} xx + 5 = cc + 5 = c^2 + 5$ (곱의 규칙, 합의 규칙)

(3) $\lim_{x\to c} 4x^2 = \lim_{x\to c} 4xx = 4\lim_{x\to c} xx = 4c^2$ (곱의 규칙, 상수 곱의 규칙)

(4) $\lim_{x\to c} x^3 - 1 = \lim_{x\to c} xxx - 1 = ccc - 1 = c^3 - 1$ (곱의 규칙, 차의 규칙)

(5) $\lim_{x\to c} \frac{x^3-1}{x^2+5} = \frac{\lim_{x\to c} x^3 - 1}{\lim_{x\to c} x^2 + 5} = \frac{c^3-1}{c^2+5}$ (나누기 규칙 and more)

규칙 ② 다항식 $f(x) = a_n x^n + a_{n-1}x^{n-1} + \ldots + a_1 x^1 + a_0$ ($a_0, a_1, \ldots, a_n$ 은 상수)의 극한값은 $\lim_{x\to c} f(x) = f(c) = a_n c^n + a_{n-1}c^{n-1} + \ldots + a_1 c^1 + a_0$ 이다.

(예) $f(x) = 4x^3 + x - 7$ $\lim_{x\to 1} 4x^3 + x - 7 = 4 + 1 - 7 = -3$

규칙 ③ $f(x), g(x)$ 가 다항식이고 $g(c) \neq 0$ 이라면 $\lim_{x\to c}\frac{f(x)}{g(x)} = \frac{f(c)}{g(c)}$

극한 계산 (2)

(1) $\lim_{x\to 3} x^2(2-x) = 3^2(2-3) = -9$

(2) $\lim_{x\to 2} \frac{x^2+2x+4}{x+2} = \frac{2^2+2\times 2+4}{2+2} = 3$

(3) $\lim_{x\to 2} \frac{x^3-8}{x^2-4} = \lim_{x\to 2} \frac{(x-2)(x^2+2x+4)}{(x-2)(x+2)} = \lim_{x\to 2} \frac{(x^2+2x+4)}{(x+2)} = \frac{2^2+2\times 2+4}{2+2} = 3$

극한 값을 구할 때 분모가 0이 나오면 불능이므로 인수분해를 통하여 이 문제를 해결한 후 극한값을 구하게 된다.

L'Hôpital's rule(Bernoulli's rule)

만약 $\lim_{x \to c} \frac{f(x)}{g(x)} = \frac{f(c)}{g(c)} = \frac{0}{0}$인 경우 $\lim_{x \to c} \frac{f(x)}{g(x)} = \frac{f'(c)}{g'(c)}$이다.

미분을 이용하여 0/0(indeterminate form)인 형태의 극한 값을 구하게 된다.

극한 계산 (3)

(1) $\lim_{x \to 0} \frac{3x - \sin x}{x} = \frac{3 - \cos x}{1} |_{x=0} = 2$

(2) (분모가 0인 경우에는 한 번 더 적용)

$$\lim_{x \to 0} \frac{1 - \cos x}{x + x^2} = \lim_{x \to 0} \frac{\sin x}{1 + 2x} = \frac{\cos x}{2} |_{x=0} = 1/2$$

위의 규칙은 $\frac{\infty}{\infty}$에도 적용 가능하다.

극한 계산 (4)

(1) $\lim_{x \to \infty} \frac{x - 2x^2}{3x^2 + 5} = \lim_{x \to \infty} \frac{1 - 4x}{6x} = \lim_{x \to \infty} \frac{-4}{6} = -2/3$

극한 계산

(1) $\lim_{x \to 0} \frac{4 - x}{3 + x^2}$

(2) $\lim_{x \to -3} \frac{x + 3}{x^2 + 4x + 3}$

(3) $\lim_{x \to 1} \frac{x - 1}{x^2 - 1}$

(4) $\lim_{x \to 2} \frac{2x - 4}{x^3 - 2x^2}$

(5) $\lim_{x \to 2} \frac{x - 2}{x^2 - 4}$

(6) $\lim_{x \to \infty} \frac{6x + 5}{3x - 8}$

(7) $\lim_{x \to 0} \frac{x \sin x}{1 - \cos x}$

(8) $\lim_{x \to 0} \frac{\sin 5x}{x}$

2.4.3 우극한과 좌극한

x가 우측에서 c에 접근할 때의 극한값을 우극한(right–hand limit)이라 한다.

$$\lim_{x\to c+} f(x)$$

x가 좌측에서 c에 접근할 때의 극한값을 좌극한(left–hand limit)이라 한다.

$$\lim_{x\to c-} f(x)$$

규칙 ④ $\lim_{x\to c} f(x)=L \Leftrightarrow \lim_{x\to c+} f(x)=L$ and $\lim_{x\to c-} f(x)=L$ (즉 $x=c$에서 극한이 존재한다는 것은 우극한값과 좌극한값이 동일하다는 것을 의미한다.)

좌극한, 우극한

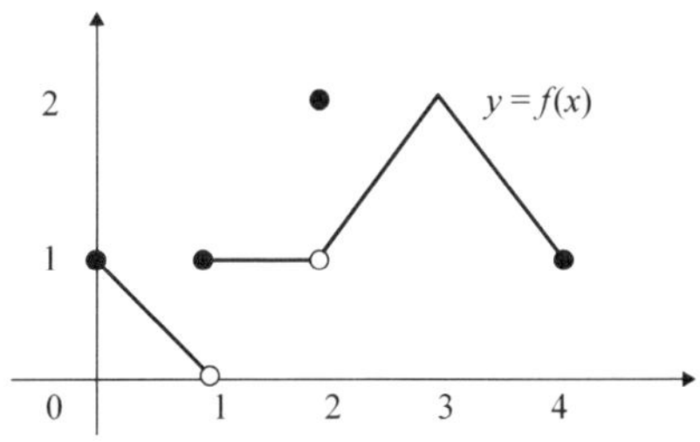

x = 0: $\lim_{x\to 0^+} = 1$우극한만 존재

x = 1: $\lim_{x\to 1^-} = 0$, $\lim_{x\to 1^+} = 1$, 극한 존재 않음

x = 2: $\lim_{x\to 2^-} = 1$, $\lim_{x\to 2^+} = 2$, 극한 존재 않음

x = 3: $\lim_{x\to 3^-} = 2$, $\lim_{x\to 3^+} = 2g$, 극한 존재(좌극한, 우극한 동일)

x = 4; $\lim_{x\to 4^-} = 1$, 좌극한만 존재

좌극한, 우극한

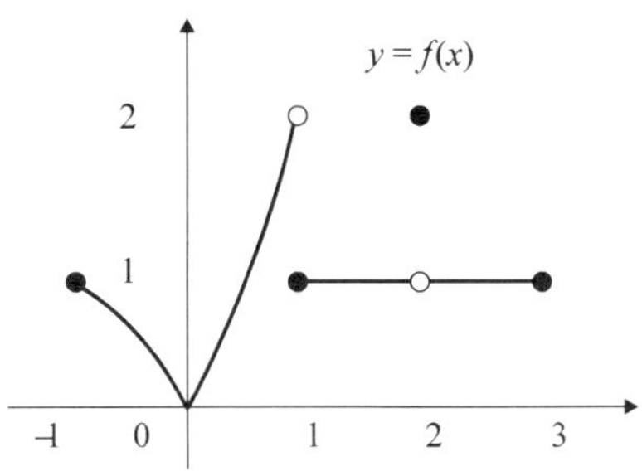

다음 중 옳은 것은?

(1) $\lim_{x\to -1^+} f(x)=1$

(2) $\lim_{x\to -2} f(x)$ 는 존재하지 않는다.

(3) $\lim_{x\to 2} f(x)=2$

(4) $\lim_{x\to -1^-} f(x)=2$

(5) $\lim_{x\to 1^+} f(x)=1$

(6) $\lim_{x\to 1} f(x)$ 는 존재하지 않는다.

(7) $\lim_{x\to 0^+} f(x)=\lim_{x\to 0^-} f(x)$

(8) 구간 $(-1,1)$에서 $\lim_{x\to c} f(x)$는 존재한다.

(9) 구간 $(1,3)$ 에서 $\lim_{x\to c} f(x)$는 존재한다.

다수 함수 극한

각 함수에 대해 (1) $\lim_{x\to\infty} f(x)$, (2) $\lim_{x\to-\infty} f(x)$, (3) $\lim_{x\to 0+} f(x)$, (4) $\lim_{x\to 0-} f(x)$ 구하자.

(1) $f(x)=\begin{cases}\frac{1}{x}, x<0 \\ -1, x\geq 0\end{cases}$ (2) $f(x)=\begin{cases}\frac{x-2}{x-1}, x\leq 0 \\ \frac{1}{x^2}, x>0\end{cases}$

2.4.4 무한대 있는 극한

x가 무한대 ∞ 혹은 $-\infty$로 접근할 때 함수 $f(x)$의 극한을 구하는 규칙이다.

(1) $\lim_{x\to\infty}\frac{1}{x}=0$, $\lim_{x\to-\infty}\frac{1}{x}=0$

(2) $\lim_{x\to\infty} k=k$, $\lim_{x\to-\infty} k=k$ (k는 상수)

(3) 함수가 분수의 형태를 가지면 분모의 가장 큰 x차수로 나누고 위의 규칙을 이용하라.

무한대 극한

(1) $\lim_{x\to\infty}\left(5+\frac{1}{x}\right)=\lim_{x\to\infty}(5)+\lim_{x\to\infty}\left(\frac{1}{x}\right)=5+0=5$

(2) $\lim_{x\to\infty}\left(\frac{4}{x^2}\right)=4\lim_{x\to\infty}\left(\frac{1}{x^2}\right)=4\lim_{x\to\infty}\left(\frac{1}{x}\right)\lim_{x\to\infty}\left(\frac{1}{x}\right)=4\cdot 0\cdot 0=0$

(3) $\lim_{x\to\infty}\left(\frac{-x}{7x+4}\right)=\lim_{x\to\infty}\left(\frac{-1}{7+4/x}\right)=\frac{\lim_{x\to\infty}-1}{\lim_{x\to\infty}7+4/x}=\frac{-1}{7}$ (x로 나누기)

(4) $\lim_{x\to\infty}\left(\frac{2x^2-x+3}{3x^2+5}\right)=\lim_{x\to\infty}\left(\frac{2-1/x+3/x^2}{3+5/x^2}\right)=\frac{2-0+0}{3+0+0}=\frac{2}{3}$ (x^2 으로 나누기)

(5) $\lim_{x\to\infty}\left(\frac{5x+2}{2x^3-1}\right)=\lim_{x\to\infty}\left(\frac{5/x^2+2/x^3}{2-1/x^3}\right)=\frac{0+0}{2-0}=0$ (x^3 으로 나누기)

(6) $\lim_{x\to\infty}\left(\frac{2x^2-3}{7x+4}\right)=\lim_{x\to\infty}\left(\frac{2x-3/x}{7+4/x}\right)=\infty$ (x으로 나누기)

(7) $\lim_{x\to\infty}\left(1+\frac{1}{x}\right)^x=e$, $\lim_{x\to\infty}\left(\frac{x}{e^x}\right)=0$ (참고)

무한대가 있는 극한

다음의 극한값을 구하자.

(1) $\lim_{x\to\infty}\left(1+\frac{1}{x^2}\right)$

(2) $\lim_{x\to\infty}\frac{1}{x^3-4x+1}$

(3) $\lim_{x\to\infty}\left(\frac{3x^2-6x}{4x-8}\right)$

(4) $\lim_{x\to\infty}\left(\frac{x+1}{x^2+3}\right)$

(5) $\lim_{x\to\infty}\left(\frac{2}{x}+1\right)\left(\frac{5x^2-1}{x^2}\right)$

(6) $\lim_{x\to\infty}\left(\frac{-x}{x+1}\right)\left(\frac{x^2}{5+x^2}\right)$

2.4.5 삼각함수 극한

다음은 삼각함수 극한값이다[증명은 Sandwich Theorem으로 할 수 있으나 본 강의에서는 다루지 않고 결과만 사용하겠다].

(1) $\lim_{x\to 0}\sin x=0$

(2) $\lim_{x\to 0}\cos x=1$

(3) $\lim_{x\to 0}\frac{\sin x}{x}=1$

(4) $\lim_{x\to\infty}\frac{\sin x}{x}=0$

삼각함수 극한

(1) $\lim_{x\to 0}\tan x = \lim_{x\to 0}\frac{\sin x}{\cos x} = \frac{0}{1} = 0$

(2) $\lim_{x\to 0}\frac{\sin 3x}{x} = \lim_{x\to 0}(\frac{\sin 3x}{3x})3 = 3\lim_{3x\to 0}(\frac{\sin 3x}{3x}) = 3$

(3) $\lim_{x\to 0}\frac{\tan x}{x} = \lim_{x\to 0}\frac{\sin x}{x}\frac{1}{\cos x} = 1\times 1 = 1$

(4) $\lim_{x\to\infty}\frac{\sin 2x}{x} = \lim_{x\to\infty}\frac{\sin 2x}{2x}\times 2 = 2\lim_{x\to\infty}\frac{\sin 2x}{2x} = 0$

(5) $\lim_{x\to\infty} x\sin\frac{1}{x} = \lim_{1/x\to 0}\frac{\sin(1/x)}{1/x} = 1$

2.4.6 극한과 연속함수

•• 연속함수(continuous function) 정의

만약 함수 $f(x)$가 $x=c$에서 연속이면 다음이 성립하고, 다음이 성립하면 함수는 $x=c$ 연속이다.

(1) $f(c)$가 존재한다.

(2) 극한값 $\lim_{x\to c} f(x)$가 존재한다.

(3) $\lim_{x\to c} f(x) = f(c)$이다.

극한과 연속함수

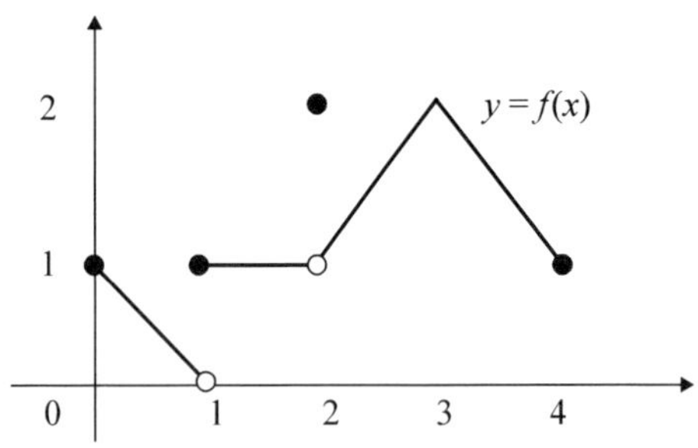

1) $x=0$ 연속, $f(0)=1, \lim_{x\to 0^+} f(x)=1$

2) $x=1$ 불연속(discontinuous), 극한 존재하지 않음

3) $x=2$ 불연속, $f(2)=2, \lim_{x\to 2} f(x)=1$

4) $x=3$ 연속, $f(3)=2, \lim_{x\to3} f(x)=2$

5) $1 \le x \le 4$ 나머지 점에서는 연속

•• 연속함수와 미분

미분 가능하면 연속이나, 연속이라고 미분 가능한 것은 아니다. 앞의 그래프에서 $x=3$ 에서는 연속이나 미분 가능(꺾인 점)하지는 않다.

연속함수의 결합함수는 연속이다. 함수 f, g 가 연속이면, $f(g(x)), g(f(x))$ 모두 연속이다.

$\sin(\sqrt{x^2+1})$ 는 연속함수이다. $(x^2+1), \sqrt{x}, \sin(x)$ 는 모두 연속함수이기 때문이다.

•• 연속에 대한 연산

함수 f, g 가 각각 $x=c$ 에서 연속이면, 다음 각 연산 결과도 연속이다.

(1) 합: $f+g$

(2) 차이: $f-g$

(3) 곱: $f \times g$

(4) 상수 곱: $k \times f$

(5) 비율: $\frac{f}{g}$, 단 $g \neq 0$

무한대가 있는 극한

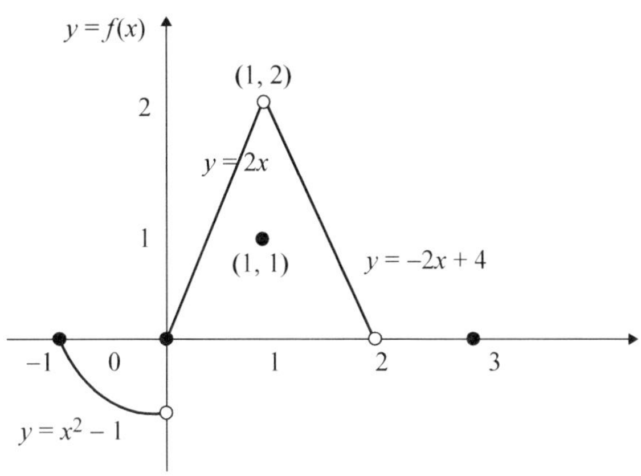

(1) $x=1$ 에서 f 는 연속인가?

(2) $\lim_{x\to1+} f(x)$, $\lim_{x\to1-} f(x)$, $\lim_{x\to1} f(x)$ 를 구하자.

(3) $\lim_{x\to2+} f(x)$, $\lim_{x\to2-} f(x)$, $\lim_{x\to2} f(x)$ 를 구하자.

(4) 함수 f 가 연속인 x 의 범위를 구하자.

•• 함수 최댓값, 최솟값

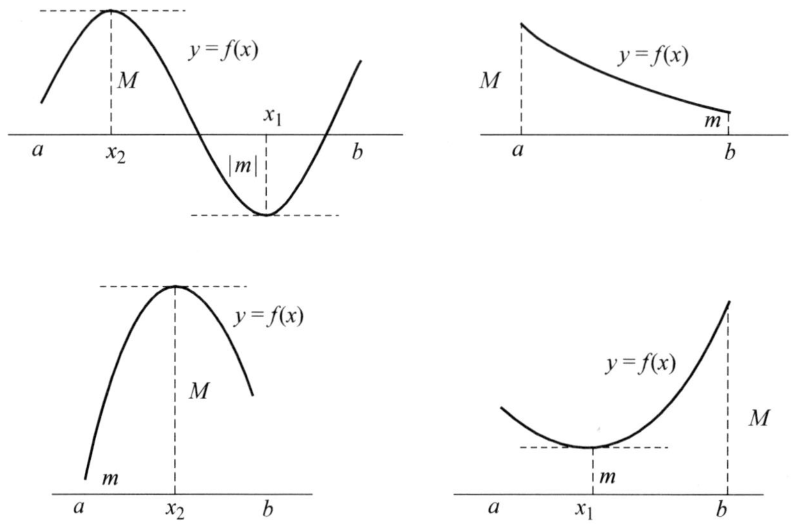

연습문제

1 **다음 함수를 파이썬에서 그리자.**

(1) 함수 $y=-\sqrt{x+4}$ 그래프를 그리자.

(2) 함수 $y=\dfrac{1}{\sqrt{2x+3}}$ 그래프를 그리자.

2 **교차점 및 직선 구하기**

(1) 함수 $y=\sqrt{2-x}$, $x\le 2$ 와 직선 $y-2x=-1$ 의 교차점을 구하자.

(2) (1)에서 구한 교차점과 점 (0, 1)을 지나는 직선을 구하자.

(3) (1)의 두 그래프와 (2)의 직선을 한 화면에 그리는 파이썬 코드를 를 작성하시오.

3 **다음의 극한을 구하자.**

(1) $\lim_{x\to 1}\dfrac{x^2+x-2}{1-x^2}$

(2) $\lim_{x\to -\infty}\dfrac{3x^2+x-2}{1-4x^2}$

(3) $\lim_{x\to 2}\dfrac{x^2+7x+10}{x-2}$

(4) $\lim_{x\to 2}\dfrac{x^3-8}{x^2-4}$

(5) $\lim_{x\to \infty}\dfrac{x-2x^2}{3x^2+5}$

(6) $\lim_{x\to \infty}\dfrac{(3x+4)^3}{2x^3+x^2-1}$

(7) $\lim_{x\to \infty}\left(\dfrac{2-x}{x+3}-\dfrac{x^2-2}{x^2+2}+\dfrac{2x^2+1}{x^3}\right)$

(8) $\lim_{x\to 0}\dfrac{x}{|x|}$

4 **연수함수이기 위한 상수 a 구하기**

(1) 아래 함수가 $x=3$ 에서 연속(continuous)이기 위한 상수 a를 구하자.

$$f(x)=\begin{cases}x^2-1, x<3\\ 2ax, x\ge 3\end{cases}$$

(2) 아래 함수가 $x=1/2$ 에서 연속이기 위한 상수 a를 구하자.

$$f(x)=\begin{cases}x^3, x<1/2\\ ax^2, x\ge 1/2\end{cases}$$

5 연속 함수인가?

아래 함수는 $x=1$에서 연속인가? 이유를 밝히시오.

$$f(x)=\begin{cases}\dfrac{1-x^2}{1-x}, x\neq 1\\ 2, x=1\end{cases}$$

6 연속 함수인가?

함수 $f(x)=\dfrac{x^2-1}{2x+4}$에서 다음의 극한을 구하자.

(1) $\lim_{x\to -2^-} f(x)$

(2) $\lim_{x\to -2^+} f(x)$

(3) $\lim_{x\to -\infty} f(x)$

(4) $\lim_{x\to --\infty} f(x)$

7 극한과 연속

$$f(x)=\begin{cases}3-x, x<2\\ 2, x=2\\ x/2, x>2\end{cases}$$

(1) $x=2$에서 좌극한을 구하자.

(2) $x=2$에서 우극한을 구하자.

(3) $x=2$에서 극한값을 구하자.

(4) $x=2$에서 연속인가?

8 극한과 연속

$$f(x)=\begin{cases}3-x, x<2\\ x/2+1, x>2\end{cases}$$

(1) $x=2$에서 좌극한을 구하자.

(2) $x=2$에서 우극한을 구하자.

(3) $x=2$에서 극한값을 구하자.

9 **O, X 문제**

다음 함수에 대하여 각 문항에 O, X로 답하시오.

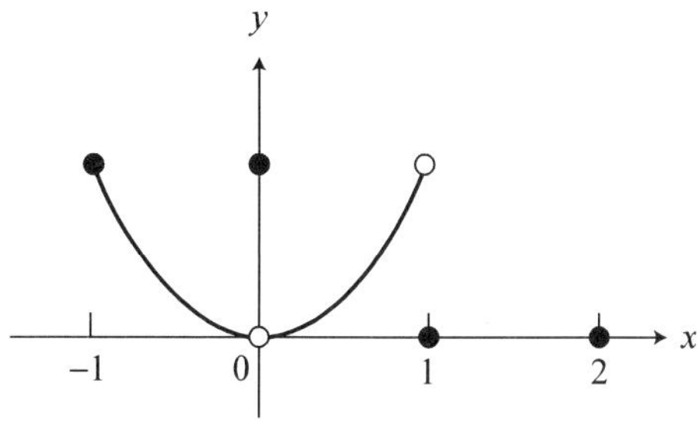

(1) $\lim_{x \to 0-} f(x) = 0$

(2) $\lim_{x \to 0+} f(x) = 0$

(3) $\lim_{x \to 0} f(x) = 0$

(4) $\lim_{x \to 1-} f(x) = 1$

(5) $\lim_{x \to 1+} f(x) = 1$

(6) $\lim_{x \to 1} f(x) = 1$

Chapter **03**

미분

Chapter 3

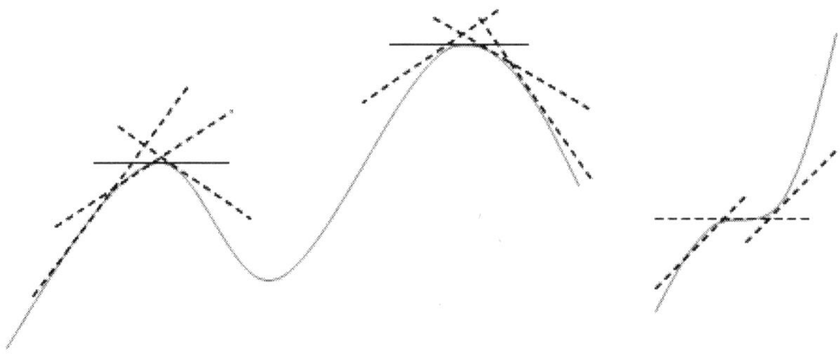

미분은 함수의 특정한 점에서의 접선 기울기를 의미한다. 미분이 가능한 함수를 미분 가능(differentiable) 함수라 하고, 그 미분값을 구하는 과정을 미분(differentiation)이라 한다. 미분 가능한 함수에는 다항함수, 로그함수, 지수함수, 삼각함수 등이 있으며, 이러한 함수들은 통계학에서 주로 사용된다. 또한, 미분 가능한 함수들의 사칙연산을 통해 얻어진 함수 역시 미분 가능하다.

미분 가능하면 그 함수는 반드시 연속이지만, 연속 함수라고 해서 항상 미분 가능한 것은 아니다. 이는 선이 꺾인 점이나 변곡점에서 미분이 불가능하기 때문이다. 예를 들어, 옆의 그래프는 $x=b$에서 연속이지만, 그 점에서 미분 가능하지 않다. 미분은 주어진 점에서의 접선 기울기를 의미하는데, 접선이 하나로 결정되지 않는 경우(예: 꺾인 점)에는 기울기가 여러 개일 수 있어 미분 불가능하게 된다.

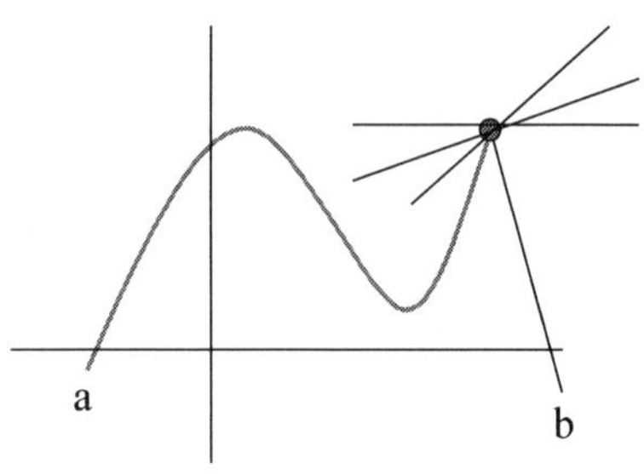

3.1 미분

3.1.1 정의

함수 $f(x)$ 의 임의의 점 x 에서 미분 f' , $\dfrac{df}{dx}$ 는 다음과 같이 정의한다.

$$f'(x) = \lim_{h \to 0} \frac{f(x+h) - f(x)}{h} \text{ : Fermat's Difference Quotient}$$

위의 값이 존재하면 점 x 에서 함수 f 는 미분 가능하다고 한다. 만약 함수 f 의 모든 정의역에서 미분 가능하면 함수 f 는 미분가능(differentiable)하다고 한다.

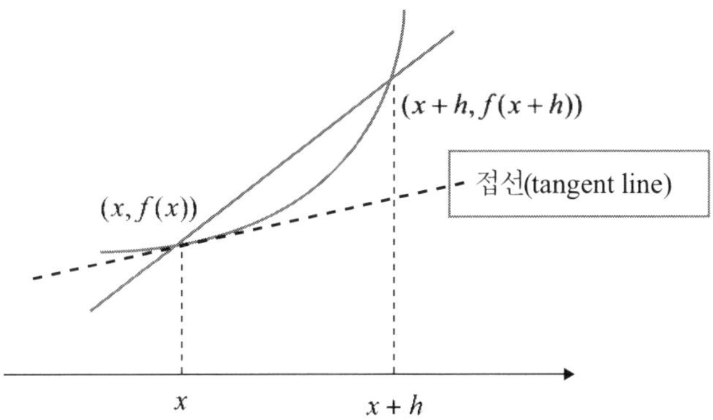

임의의 x 에서 미분값 $f'(x)$ 은 x 에서의 접선 기울기(tangent line slope)이다.

3.1.2 미분 규칙

규칙 ① 만약 c가 상수이면 $\dfrac{d}{dx}(c) = 0$

규칙 ② 만약 n이 양의 정수이면 $\dfrac{d}{dx}(x^n) = nx^{n-1}$

규칙 ③ 규칙 2는 n이 음의 정수인 경우에도 성립한다.

미분 예제

❶ $y = 5$ 의 미분 $\dfrac{dy}{dx}$ 을 구하시오.

풀이 $\dfrac{d}{dx}(5) = 0$

❷ $y = x^4$ 의 미분 $\frac{dy}{dx}$ 을 구하시오.

풀이 | $\frac{d}{dx}(x^4) = 4x^3$

❸ $y = \frac{1}{x}$ 의 미분 $\frac{dy}{dx}$ 을 구하시오.

풀이 | $\frac{d}{dx}(x^{-1}) = -1x^{-1-1} = -\frac{1}{x^2}$

❹ $y = \frac{4}{x^3}$ 의 미분 $\frac{dy}{dx}$ 을 구하시오.

풀이 | $\frac{d}{dx}(4x^{-3}) = -12x^{-4} = -12\frac{1}{x^4}$

규칙 ④ $u(x)$ 가 x 의 함수이고 미분가능하며, c 가 상수이고 n 이 양의 정수인 경우 다음이 성립한다.

(1) $\frac{d}{dx}(cu) = c\frac{d}{dx}(u)$ 간편 기호: $(cu)' = c(u)'$

(2) $\frac{d}{dx}(cx^n) = cnx^{n-1}$ 간편 기호: $(cx^n)' = cn(x)^{n-1}$

(3) $\frac{d}{dx}(cu^n) = cnu^{n-1}\frac{d}{dx}(u)$ 간편 기호: $(cu^n)' = cn(u)^{n-1}(u)'$

미분 예제

❶ $y = 3x^2$ 의 미분 $\frac{dy}{dx}$ 을 구하시오.

풀이 | $\frac{d}{dx}(3x^2) = 3\frac{d}{dx}(x^2) = 6x$

❷ $y = 5(x^2 - 2x)^2$ 의 미분 $\frac{dy}{dx}$ 을 구하시오.

풀이 | $\frac{d}{dx}(5(x^2 - 2x)^2) = 5\frac{d}{dx}((x^2 - 2x)^2)$

$= 5\frac{d}{dx}((x^2 - 2x)^2) = 5 * 2(x^2 - 2x)(2x - 2) = 10(x^2 - 2x)(2x - 2)$

파이썬에서 미분하기

```
import sympy as sp
# 변수와 함수를 정의
x = sp.Symbol('x')
f = f = 5*(x**2-2*x)**2
# 함수 입력을 파싱하여 미분
func = sp.sympify(f)
derivative = sp.diff(func, x)
# 결과 출력
print(f"미분 결과: {derivative}")
```

미분 결과: 5*(4*x − 4)*(x**2 − 2*x)

규칙 ⑤ 만약 $u(x)$, $v(x)$ 모두 x의 함수이고 미분가능하다면

$$\frac{d}{dx}(u \pm v) = \frac{d}{dx}(u) \pm \frac{d}{dx}(v) \quad \text{(합 미분)}$$

[간편 기호] $\frac{d}{dx}(u \pm v) = u' \pm v'$

미분 예제

❶ $y = x^4 + 12x$ 의 미분 $\frac{dy}{dx}$ 을 구하시오.

풀이 | $\frac{d}{dx}(y) = 4x^3 + 12$

❷ $y = \frac{7}{3}x^3 - 3x^2 - 5$ 의 미분 $\frac{dy}{dx}$ 을 구하시오.

풀이 | $\frac{d}{dx}(y) = 7x^2 - 6x$

❸ $y = x^4 - 2x^2 + 2$ 는 기울기가 0인 접선을 갖는가? 그렇다면 어디인가?

풀이 | $\frac{d}{dx}(y) = 4x^3 - 4x = 0$ 이므로 $4x(x^2 - 1) = 0$ 이다.
$4x(x-1)(x+1) = 0$ 이므로 해는 $x = 0, x = 1, x = -1$ 이다.
$(-1,\ 1)$, $(0,\ 2)$, $(1,\ 1)$ 세 점에서 접선의 기울기는 0이다.

파이썬에서 다차원함수 해 구하기

```
import sympy as sp
# 변수 정의
x = sp.Symbol('x')
# 다항 방정식 정의
polynomial_eq = 4*x**3 - 4*x
# 방정식의 해 구하기
solutions = sp.solve(polynomial_eq, x)
# 결과 출력
print(f"방정식의 해: {solutions}")
```

방정식의 해: [-1, 0, 1]

3.1.3 다차 미분

(1) 2차 미분(second derivative): $y'' = \frac{d^2y}{dx^2}$ (y double prime, d squared y dx squared)

(2) 3차 미분(third derivative): $y''' = \frac{d}{dx^3}(y''')$ (y triple prime)

(3) n차 미분(nth derivative): $y^{(n)} = \frac{d}{dx^n}(y^{(n)})$ (y super n)

미분 예제

$y = x^3 - 3x^2 + 2$ 을 다차 미분하시오.

풀이

$\frac{d}{dx}(y) = 7x^2 - 6x$

$y' = 3x^2 - 6x$

$y'' = 6x - 6$

$y''' = 6$

$y^{(4)} = 0$

만약, $f'(c) = 0, f''(c) < 0$ 이면 함수 f 는 점 c에서 (local) 최댓값을 갖고 $f'(c) = 0$, $f''(c) > 0$ 이면 (local) 최솟값, $f'(c) = 0, f''(c) = 0$ 이면 변곡점이다.

파이썬에서 미분하기

```
import sympy as sp
# 심볼 변수 정의
x = sp.symbols('x')
# 함수 정의
f = x**3 -3*x**2 + 2
# 1차 미분
f_prime = sp.diff(f, x)
# 2차 미분
f_double_prime = sp.diff(f_prime, x)
# 결과 출력
print(f"원래 함수: {f}")
print(f"1차 미분: {f_prime}")
print(f"2차 미분: {f_double_prime}")
```

```
원래 함수: x**3 - 3*x**2 + 2
1차 미분: 3*x**2 - 6*x
2차 미분: 6*x - 6
```

3.1.4 미분 규칙 2

규칙 6 만약 $u(x)$, $v(x)$ 모두 x 의 함수이고 미분가능하다면

$$\frac{d}{dx}(uv) = \frac{d}{dx}(u) * v + u * \frac{d}{dx}(v) \quad (\text{곱 미분})$$

$$[\text{간편 기호}] \ \frac{d}{dx}(uv) = u'v + uv'$$

미분 예제

$y = (x^2+1)(x^3+3)$ 의 미분 $\frac{dy}{dx}$ 을 구하시오.

풀이 $\frac{dy}{dx} = (x^2+1)(3x^2) + (2x)(x^3+3) = 5x^4 + 3x^2 + 6x$

규칙 ⑦ 만약 $u(x)$, $v(x)$ 모두 x의 함수이고 미분가능하고 $v \neq 0$이면

$$\frac{d}{dx}\left(\frac{u}{v}\right) = \frac{\frac{du}{dx}v - u\frac{dv}{dx}}{v^2}$$ 이다.

미분 예제

❶ $y = \frac{(x^2-1)}{(x^2+1)}$ 의 미분 $\frac{dy}{dx}$ 을 구하시오.

풀이

$$\frac{dy}{dx} = \frac{(x^2+1)(2x)-(x^2-1)(2x)}{(x^2+1)^2} = \frac{4x}{(x^2+1)^2}$$

❷ $y = \frac{(x-1)(x^2-2x)}{x^4}$ 의 미분 $\frac{dy}{dx}$ 구하시오.

풀이

$$y = \frac{x^3-3x^2+2x}{x^4} = \frac{x^3}{x^4} - \frac{3x^2}{x^4} + \frac{2x}{x^4} = \frac{1}{x} - \frac{3}{x^2} + \frac{2}{x^3}$$

$$\frac{dy}{dx} = -\frac{1}{x^2} + \frac{6}{x^3} - \frac{6}{x^4}$$

파이썬에서 미분하기

```
import sympy as sp
# 심볼 변수 정의
x = sp.symbols('x')
# 함수 정의
f = (x**2-1)/(x**2+1)
# 1차 미분
f_prime = sp.diff(f, x)
print(f"원래 함수: {f}")
print(f"1차 미분: {f_prime}")
```

```
원래 함수: (x**2 - 1)/(x**2 + 1)
1차 미분: -2*x*(x**2 - 1)/(x**2 + 1)**2 + 2*x/(x**2 + 1)
```

1차 미분

다음 함수의 1차 미분 ($\frac{dy}{dx}$)을 구하시오.

(1) $y = 2x^2 - 4x - 8$

(2) $y = \frac{x^3}{3} + \frac{x^2}{2} - 5$

(3) $y = (x-1)(3-x^2)$

(4) $y = (x+\frac{1}{x})(x-\frac{1}{x})$

(5) $y = \frac{(x^2-1)}{(x^2+x-2)}$

(6) $y = (1-x)(1+x^2)^{-1}$

(7) $y = \frac{3}{x^2}$

(8) $y = \frac{5}{3x}$

(9) $y = \frac{(x^3+7)}{x}$

(10) $y = \frac{x}{1+x^2}$

(11) $y = x^2(x+1)(1-x^2)$

미분 예제

❶ 다음 함수의 미분 $\frac{dy}{dx}$ 을 구하시오.

(1) $y = -\frac{3}{x^7}$

(2) $y = x + 1 + \frac{1}{x}$

(3) $y = x^2(x+5+\frac{1}{x})$

(4) $y = (1-x)(1+x^2)^{-1}$

(5) $y = x(x-1)(x+1)$

(6) $y = \frac{x^5}{120}$

❷ 함수 $y = ax^2 + bx + c$ 는 점 (1,2)를 지나고 원점(0,0)에서 접선이 $y = x$ 일 경우 a, b, c 를 구하시오.

3.1.5 미분값

함수를 미분한 후 임의의 값 x 을 대입하여 얻은 값을 미분값이라 한다.

미분 예제

만약 u, v 가 x 의 함수이고 미분가능, $u(0) = 5, u'(0) = -3, v(0) = -1, v'(0) = 2$ 일 경우 $x = 0$ 에서 다음을 구하시오.

(1) $\frac{d}{dx}(uv)|_{x=0} = u'v + uv'|_{x=0} = -3*(-1) + 5*2 = 13$

(2) $\frac{d}{dx}(\frac{u}{v})|_{x=0} = \frac{u'v - uv'}{v^2}|_{x=0} = \frac{-3*(-1) - 5*2}{(-1)^2} = -7$

(3) $\frac{d}{dx}(3u - 2v)|_{x=0} = 3u' - 2v'|_{x=0} = 3*(-3) - 2*(2) = -13$

함수 미분

u, v 가 x 의 함수이고 미분가능하며 $u(1) = 2, u'(1) = 0, v(1) = 5, v'(1) = 0$ 일 경우 $x = 1$ 에서 함수의 미분값을 구하시오.

(1) $\frac{d}{dx}(uv)$

(2) $\frac{d}{dx}(\frac{v}{u})$

(3) $\frac{d}{dx}(\frac{u}{v})$

(4) $\frac{d}{dx}(7v - 2u)$

3.2 특수함수 미분

3.2.1 로그함수 미분

$u(x)$는 x의 함수일 때 밑(base)이 a인 로그함수(logarithm function)의 미분은 다음과 같이 정의한다.

$$\frac{d(\log_a u(x))}{dx} = (\log_a e)\frac{u'(x)}{u(x)}$$

(특수한 경우) (1) $\frac{d(\log_a x)}{dx} = (\log_a e)\frac{1}{x}$

(2) $\frac{d(\ln u(x))}{dx} = \frac{u'(x)}{u(x)}$

(3) $\frac{d(\ln x)}{dx} = \frac{1}{x}$

아래 문제는 3.3절 연쇄법칙 이후 풀기 바란다.

로그함수 미분

❶ $f(x) = 2\ln(3x^2 - 1)$ 을 미분하시오.

풀이 $f' = 2\frac{1}{3x^2 - 1}(6x)$ (연쇄법칙 활용) $f' = \frac{12x}{3x^2 - 1}$

❷ $f(x) = \ln(1 - 2x)^3$ 을 미분하시오.

풀이 $f' = \frac{1}{(1 - 2x)^3} 3(1 - 2x)^2(-2)$ (연쇄법칙 활용) $f' = \frac{-6}{(1 - 2x)}$

파이썬에서 미분하기

```
import sympy as sp
# 심볼 변수 정의
x = sp.symbols('x')
# 함수 정의
f = sp.log(x)
```

```
# 1차 미분
f_prime = sp.diff(f, x)
print(f"원래 함수: {f}")
print(f"1차 미분: {f_prime}")
```

원래 함수: log(x)/log(2)

1차 미분: 1/(x*log(2))

$y = \log_2 x$을 미분하시오.

```
# 함수 정의
f = sp.log(x,2)
```

원래 함수: log(x)/log(2)

1차 미분: 1/(x*log(2))

로그함수 미분

다음 로그함수를 미분하시오.

(1) $y = \ln 2x$

(2) $y = \ln x^2$

(3) $y = 3\log_7(x^2 + 1)$

파이썬에서 미분하기

```
import sympy as sp
# 심볼 변수 정의
x = sp.symbols('x')
# 함수 정의
f = sp.log(2*x)
# 1차 미분
f_prime = sp.diff(f, x)
```

```
print(f"원래 함수: {f}")
print(f"1차 미분: {f_prime}")
```

원래 함수: log(2*x)
1차 미분: 1/x

3.2.2 지수함수 미분

$u(x)$는 x의 함수일 때 지수함수(exponential function)의 미분은 다음과 같이 정의한다.

$$\frac{d(a^{u(x)})}{dx} = \ln(a)u(x)u'(x)$$

(특수한 경우) (1) $\frac{d(a^x)}{dx} = (\ln a)a^x$

(2) $\frac{d(e^{u(x)})}{dx} = e^{u(x)}u'(x)$

(3) $\frac{d(e^x)}{dx} = e^x$

아래 문제는 3.3절 연쇄법칙 이후 풀기 바란다.

지수함수 미분

❶ $f(x) = 2^x$을 미분하시오.

풀이 | $f' = \ln 2 \cdot 2^x$

❷ $f(x) = 3^x + 3x^2$을 미분하시오.

풀이 | $f' = \ln 3 \cdot 3^x + 6x$

❸ $f(x) = e^x 2^x$을 미분하시오.

풀이 | $f' = e^x 2^x + e^x \cdot \ln(2) \cdot 2^x = e^x 2^x (1 + \ln 2)$

파이썬에서 미분하기

```
import sympy as sp
# 심볼 변수 정의
x = sp.symbols('x')
# 함수 정의
f = sp.exp(x) * 2**x
# 1차 미분
f_prime = sp.diff(f, x)
print(f"원래 함수: {f}")
print(f"1차 미분: {f_prime}")
```

```
원래 함수: 2**x*exp(x)
1차 미분: 2**x*exp(x)*log(2) + 2**x*exp(x)
```

지수함수 미분

다음 지수함수를 미분하시오.

(1) $f(x) = \dfrac{e^x}{(2x-3)}$

(2) $f(x) = e^{(x^2+2)}$

(3) $f(x) = \log_{10}(4x^2 - x + 2)$

(4) $f(x) = (2e^{x^2} + x^2)^3$

(5) 다음은 평균 θ 인 지수확률밀도함수이다. $f(x) = \dfrac{1}{\theta}e^{-x/\theta}$ 이를 미분하시오.

파이썬에서 미분하기

```
import sympy as sp
# 심볼 변수 정의
x = sp.symbols('x')
# 함수 정의
f = sp.exp(x**2+2)
# 1차 미분
```

```
f_prime = sp.diff(f, x)
print(f"원래 함수: {f}")
print(f"1차 미분: {f_prime}")
```

원래 함수: exp(x**2 + 2)

1차 미분: 2*x*exp(x**2 + 2)

```
import sympy as sp
# 심볼 변수 정의
x = sp.symbols('x')
# 함수 정의
f = sp.log(4 * x**2, 10)
# 1차 미분
f_prime = sp.diff(f, x)
print(f"원래 함수: {f}")
print(f"1차 미분: {f_prime}")
```

원래 함수: log(4*x**2)/log(10)

1차 미분: 2/(x*log(10))

3.2.3 삼각함수 미분

(1) $\frac{d}{dx}\sin x = \cos x$

(2) $\frac{d}{dx}\cos x = -\sin x$

(3) $\frac{d}{dx}\tan x = \sec^2 x$

(4) $\frac{d}{dx}\cot x = -\csc^2 x$

(5) $\frac{d}{dx}\sec x = \sec x \tan x$

(6) $\frac{d}{dx}\csc x = -\csc x \cot x$

삼각함수 미분

다음 삼각함수를 미분하시오.

(1) $\frac{\cos x}{x}$

(2) $\sin x \cos x$

(3) $x \sin x + \cos x$

(4) $\frac{1}{x} + 5\sin x$

(5) $\frac{4}{\cos x}$

파이썬에서 미분하기

```
import sympy as sp
# 심볼 변수 정의
x = sp.symbols('x')
# 함수 정의
f = sp.sin(x)*sp.cos(x)
# 1차 미분
f_prime = sp.diff(f, x)
print(f"원래 함수: {f}")
print(f"1차 미분: {f_prime}")
```

원래 함수: sin(x)*cos(x)

1차 미분: -sin(x)**2 + cos(x)**2

3.3 연쇄법칙

앞 절에서 언급한 미분규칙과 미분 절차를 이용하면 $\sin(x)$, (x^2-4), (x^2+x), e^x 등의 함수를 미분할 수 있다. 그러면 함수 $\sin(x^2-4)$, e^{x^2+x}는 미분할 수 있는가? 이때 필요한 규칙이 연쇄법칙(chain rule)이다.

연쇄법칙 예제

❶ 함수 $y = 6x - 10$을 미분하시오.

① $y = 2(3x - 5)$

② $y = 2u$, $u = (3x - 5)$

③ $\frac{dy}{du} = 2$, $\frac{du}{dx} = 3$

④ $\frac{dy}{du}\frac{du}{dx} = 6 = \frac{dy}{dx}$

❷ 함수 $y = \sin(x^2 - 4)$를 미분하시오.

① $y = \sin(u)$, $u = (x^2 - 4)$

② $\frac{dy}{du} = \cos(u)$, $\frac{du}{dx} = 2x$

③ $\frac{dy}{dx} = \frac{dy}{du}\frac{du}{dx} = \sin(u)2x = 2\sin(x^2 - 4)x$

3.3.1 연쇄법칙

함수 $y = f(u)$, $u = g(x)$가 모두 미분가능하다면 $\frac{dy}{dx} = \frac{dy}{du}\frac{du}{dx}$이다. 혹은 $\frac{dy}{dx}|_x = \frac{dy}{du}\frac{du}{dx}|_x$이다.

연쇄법칙

❶ 함수 $y = \cos\left(\frac{\pi}{2} - 3x\right)$의 $x = 0$에서 미분값을 구하시오.

$$y = \cos u,\quad u = \frac{\pi}{2} - 3x$$

$$\frac{dy}{dx}|_{x=0} = \frac{dy}{du}\frac{du}{dx}|_{x=0} = -\sin(u)(-3)|_{x=0} = -\sin(\pi/2 - 3x)(-3)|_{x=0} = 3$$

❷ 함수 $y = \sin^5 x$를 미분하시오.

$$y = u^5,\quad u = \sin x$$

$$\frac{dy}{dx} = \frac{dy}{du}\frac{du}{dx} = 5u^4(\cos x) = 5\sin^4 x\cos x$$

❸ 함수 $y = (2x + 1)^{-3}$의 미분하시오.

$$y = u^{-3}, \ u = 2x + 1$$

$$\frac{dy}{dx} = \frac{dy}{du}\frac{du}{dx} = -3u^{-4}(2) = -6(2x+1)^{-4}$$

❹ 함수 $y = e^{-x}$ 을 미분하시오.

$$y = e^{u}, \ u = -x$$

$$\frac{dy}{du} = e^{u}, \ \frac{du}{dx} = -1 \text{ 그러므로 } \frac{dy}{dx} = \frac{dy}{du}\frac{du}{dx} = e^{-x}(-1) = -e^{-x}$$

❺ 함수 $y = e^{x^2+x}$ 을 미분하시오.

$$y = e^{u}, \ u = (x^2 + x)$$

$$\frac{dy}{du} = e^{u}, \ \frac{du}{dx} = 2x + 1$$

$$\text{그러므로 } \frac{dy}{dx} = \frac{dy}{du}\frac{du}{dx} = e^{(x^2+x)}(2x+1)$$

파이썬에서 미분하기

```
import sympy as sp
# 심볼 변수 정의
x = sp.symbols('x')
# 함수 정의
f = sp.exp(x**2+x)
# 1차 미분
f_prime = sp.diff(f, x)
# 결과 출력
print(f"원래 함수: {f}")
print(f"1차 미분: {f_prime}")
```

원래 함수: exp(x**2 + x)

1차 미분: (2*x + 1)*exp(x**2 + x)

3.3.2 안-바깥 규칙

연쇄법칙을 사용하면 차환하는 복잡한 과정을 거친다. 이를 계산이 용이하게 함수의 형태를 안과 바깥을 구별하고, 바깥 부분을 먼저 미분하고 안 부분을 미분하여 서로 곱하는 방법을 안-바깥 규칙(inside-outside rule)이라 한다.

$$\frac{dy}{dx} = f'(g(x)) \circ g'(x)$$

(예) $\frac{d}{dx}\sin(x^2 + x) = \cos(x^2 + 2)(2x+1)$

안 ↑, (1) 바깥 미분 ↑

바깥 ↓, (2) 안 그대로 ↓, (3) 안 미분 ↓

연쇄법칙

❶ 함수 $y = (2x+1)^{-3}$ 을 미분하시오.

$$\frac{dy}{dx} = -3(2x+1)^{-4}(2) = -6(2x+1)^{-4}$$

❷ 함수 $y = \sin(-x)$ 를 미분하시오.

$$\frac{dy}{dx} = \cos(-x)(-1) = -\cos(x)$$

❸ 함수 e^{x^2+x} 을 미분하시오.

$$\frac{dy}{dx} = e^{(x^2+x)}(2x+1)$$

3.3.3 반복 사용

연쇄법칙은 두 번 이상 사용할 수 있다.

예제

함수 $y = e^{(3x-1)^2}$ 을 미분하시오.

$$\frac{dy}{dx} = e^{(3x-1)^2}[(3x-1)^2]') = e^{(3x-1)^2}2(3x-1)3$$

즉 $\frac{dy}{dx} = e^{(3x-1)^2}2(3x-1)3 = 6(x-3)e^{(3x-1)^2}$

파이썬에서 미분하기

```
import sympy as sp
# 심볼 변수 정의
x = sp.symbols('x')
# 함수 정의
f = sp.exp((3*x-1)**2)
# 1차 미분
f_prime = sp.diff(f, x)
# 결과 출력
print(f"원래 함수: {f}")
print(f"1차 미분: {f_prime}")
```

```
원래 함수: exp((3*x - 1)**2)
1차 미분: (18*x - 6)*exp((3*x - 1)**2)
```

연쇄법칙

다음 함수의 1차 미분을 ($f' = \frac{df}{dx}$ 혹은 $y' = \frac{dy}{dx}$) 구하시오.

(1) $f(x) = (4-3x)^9$

(2) $y = (\frac{x}{2} - 1)^{-10}$

(3) $f(x) = (\frac{x}{5} + \frac{1}{5x})^5$

(4) $y = \sin(x^2)$

(5) $y = \sin^3(x)$

(6) $y = \frac{(5-x)}{(x^2+1)^2}$

(7) $y = \sin^2(\cos(2x-5))$

(8) $y = 2e^{-3(\frac{x-2}{4})^2}$

(9) $y = (1 + x - \frac{1}{x})^{-4}$

연쇄법칙 활용

주어진 x 값에서 $[f\circ g(x)]' = [f(g(x))]' = f'(g(x))g'(x)$ 을 구하시오.

(1) $f(u) = u^5 + 1, u = g(x) = \sqrt{x}$, $x = 1$

(2) $f(u) = 1 - \frac{1}{u}, u = g(x) = \frac{1}{1-x}$, $x = 1$

예제

주어진 x 에서 미분값을 구하시오.

x	$f(x)$	$g(x)$	$f'(x)$	$g'(x)$
2	8	2	3	-3
3	3	-4	2	1

(a) $y = 2f(x)$, $x = 2$

$y'|_{x=2} = 2f'(x)|_{x=2} = 2f'(2) = 2*3 = 6$

(b) $y = f(x)g(x)$, $x = 3$

$y'|_{x=3} = f'(x)g(x) + f(x)g'(x)|_{x=3} = f'(3)g(3) + f(3)g'(3) = 2*(-4) + 3*1 = -5$

(c) $y = \frac{f(x)}{g(x)}$, $x = 2$

$y'|_{x=2} = \frac{f'(x)g(x) - f(x)g'(x)}{g^2(x)}|_{x=2} = \frac{f'(2)g(2) - f(2)g'(2)}{g^2(2)} = \frac{3*2-8*(-3)}{(-4)^2} = \frac{30}{16} = \frac{15}{8}$

(d) $y = \sqrt{f(x)}$, $x = 2$

$y'|_{x=2} = \frac{1}{2}(f(x))^{-\frac{1}{2}} * f'(x)|_{x=2} = \frac{1}{2}(f(2))^{-\frac{1}{2}} * f'(2) = \frac{1}{2}(\frac{1}{8^{1/2}}) * 3 = \frac{3}{\sqrt{2}}$

(e) $y = \frac{1}{g^2(x)}$, $x = 3$

$y'|_{x=2} = g^{-2}(x)|_{x=3} = -2g^{-3}(x) * g'(x)|_{x=3} = -2g^{-3}(3) * g'(3) = -2\frac{1}{g^3(3)} * 1 = \frac{1}{32}$

연쇄법칙

주어진 x값에서 미분을 구하시오.

x	$f(x)$	$g(x)$	$f'(x)$	$g'(x)$
0	1	1	5	1/3
1	3	-4	-1/3	-8/3

(a) $y = f(x)g^3(x)$, $x = 0$

(b) $y = \dfrac{f(x)}{g(x)+1}$, $x = 1$

(c) $y = f(g(x))$, $x = 0$

(d) $y = f(x + g(x))$, $x = 0$

(e) $y = (x^{11} + f(x))^{-2}$, $x = 1$

3.4 잠재미분

함수를 $y = f(x)$ 식으로 쉽게 표현할 수 없을 때 사용하는 미분 방법을 잠재미분(implicit differentiation)이라 한다. 잠재미분 절차를 예제 중심으로 설명하여 보자.

예제

함수 $2y = x^2 + \sin y$에 대해 $\dfrac{dy}{dx}$를 구하시오.

함수를 x에 대해 미분한다. $\dfrac{d}{dx}(2y) = \dfrac{d}{dx}(x^2 + \sin y)$ 이므로 $2\dfrac{dy}{dx} = 2x + \cos y\dfrac{dy}{dx}$

$\dfrac{dy}{dx}$ 항을 한 쪽으로 모은다. $2\dfrac{dy}{dx} - \cos y\dfrac{dy}{dx} = 2x$

$\dfrac{dy}{dx}$로 인수분해한다. $(2 - \cos y)\dfrac{dy}{dx} = 2x$

$\dfrac{dy}{dx}$에 대해 푼다. $\dfrac{dy}{dx} = \dfrac{2x}{(2 - \cos y)}$

잠재미분

$\dfrac{dy}{dx}$ 를 구하시오.

(1) $x^2y + xy^2 = 6$

(2) $2xy + y^2 = x + y$

(3) $x^3 - xy + y^3 = 1$

(4) $(3x + y)^2 = 2y^3$

양변을 로그(ln) 변환하여 잠재미분하시오.

(5) $y = x^{\sin x}$

(6) $y = (1-x)^2(x+1)^4$

(7) $y = 3x^2e^{-x}$

3.5 미분 응용

3.5.1 최댓값과 최솟값

•• 지역(local)과 절대(absolute)의 의미

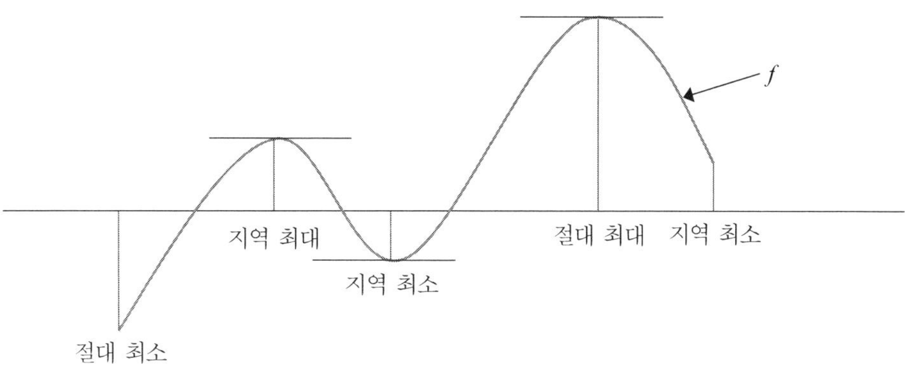

•• 1차 미분 정리

함수 f 가 일정 구간 안의 모든 점에서 미분가능하고 구간 내 임의의 점 c 에서 1차 미분이 0이면, ($f'(c) = 0$) 함수 f 는 점 c 에서 지역 최댓값이나 최솟값을 갖는다.

•• 증가함수와 감소함수 정의

(정의) 만약 $x_2 > x_1 \Rightarrow f(x_2) > f(x_1)$ 이면 $f(x)$ 는 증가함수이다.

(정의) $x_2 > x_1 \Rightarrow f(x_2) < f(x_1)$ 이면 $f(x)$ 는 감소함수이다.

•• 1차 미분과 증가함수 관계 정리

함수 f 에 대해 $f' > 0$ 이면 증가함수이고 $f' > 0$ 이면 감소함수이다.

•• 1차 미분 y'

1차 미분이 0인 점에서 최대, 최소 혹은 변곡이 발생한다.

•• 2차 미분 y'

1차 미분(기울기)의 변화율이므로 기울기가 감소하면 2차 미분값은 음이고 기울기가 증가하면 2차 미분값은 양이다.

•• 오목성(Concavity)

만약 y' 의 기울기가 감소하면 함수 f 는 concave down $(f'' < 0)$, 만약 y' 의 기울기가 증가하면 함수 f 는 concave up $(f'' > 0)$ 이라 한다. 만약 concavity가 변하는 점이 있으면, 이 점을 변곡점(inflection point)이라 한다. 변곡점에서는 $y'' = 0$ 이 성립한다.

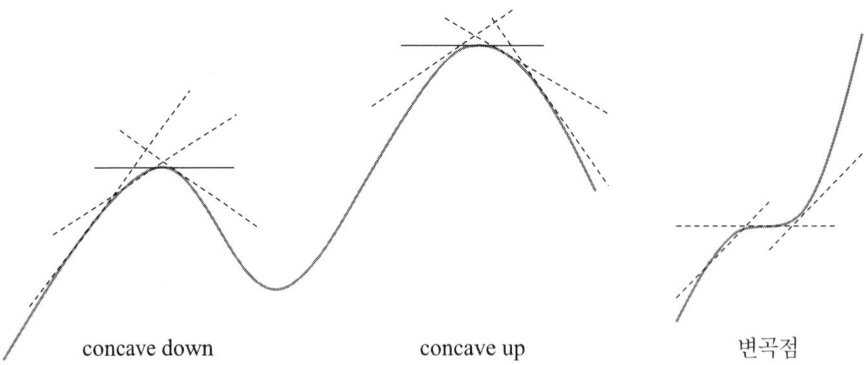

•• 1차 미분과 2차 미분을 이용한 최대, 최소

만약, $f'(c) = 0$ 이고 $f''(c) < 0$ 이면 함수 f 는 점 c 에서 (지역) 최댓값을 갖는다.

만약, $f'(c)=0$ 이고 $f''(c)>0$ 이면 함수 f 는 점 c 에서 (지역) 최솟값을 갖는다.

만약, $f'(c)=0$ 이고 $f''(c)=0$ 이면 함수 f 는 점 c 에서 변곡점이다.

최댓값, 최솟값

함수 $y=\frac{x^3}{3}-\frac{x^2}{2}-2x+\frac{1}{3}$ 와 미분 함수를 구간 (-4, 4)에서 그리고 함수 y의 최댓값, 최솟값, 변곡점이 있는지 알아보고 있다면 $(x, f(x))$를 구하시오.

미분함수 $y'=x^2-x-2$이므로 $y'=0$을 만족하는 $x=-1,2$이다.

2차 미분함수 $y''=6x-1$이다.

$y''_{x=-1}<0$ 이므로 함수 y는 x=-1에서 최댓값 1.5를 갖는다.

$y''_{x=2}>0$ 이므로 함수 y는 x=-1에서 최댓값 1.5를 갖는다.

파이썬에서 그래프 그리기

```
#원함수, 미분함수 그리기
import numpy as np
import matplotlib.pyplot as plt
import sympy as sp
# 심볼 변수 정의
x_sym = sp.symbols('x')
# y 함수 정의
y_sym = (x_sym**3)/3 - (x_sym**2)/2 - 2*x_sym + 1/3
# 1차 미분
y_prime_sym = sp.diff(y_sym, x_sym)
# x 값의 범위 설정 (numpy 배열)
x_vals = np.linspace(-4, 4, 100)
# y와 미분 함수의 값을 계산 (numpy로 변환)
y_vals = np.array([y_sym.subs(x_sym, val) for val in x_vals],
dtype='float')
y_prime_vals = np.array([y_prime_sym.subs(x_sym, val) for val in x_
vals], dtype='float')
```

```
# 그래프 그리기
plt.plot(x_vals, y_vals, label=r'$y=\frac{x^3}{3} - \frac{x^2}{2} - 2x +
\frac{1}{3}$')
plt.plot(x_vals, y_prime_vals, label=r"$y' = x^2 -x -2$", linestyle='--')
# 수평선 y=0, 수직선 x=0 그리기
plt.axhline(y=0, color='b', linestyle='--')
plt.axvline(x=0, color='b', linestyle='--')
# 그래프 제목과 축 라벨
plt.title('Graph of the function and its derivative')
plt.xlabel('x')
plt.ylabel('y')
# 격자 추가
plt.grid(True)
# 범례 추가
plt.legend()
# 그래프 보여주기
plt.show()
```

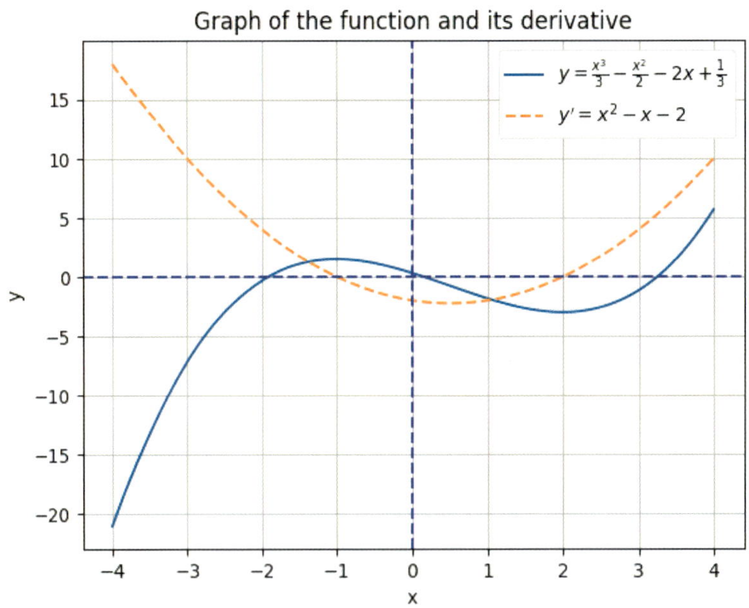


```
#최소, 최댓값 갖는 x 구하기
import sympy as sp
# 변수 x 정의
x = sp.symbols('x')
```

```
# 함수 y 정의
y = (x**3)/3 - (x**2)/2 - 2*x + 1/3
# 1차 미분 구하기
y_prime = sp.diff(y, x)
# 1차 미분을 0으로 두고 방정식 풀기 (극점 찾기)
critical_points = sp.solve(y_prime, x)
# 2차 미분 구하기
y_double_prime = sp.diff(y_prime, x)
# 최댓값, 최솟값 구하기
max_min_values = {}
for point in critical_points:
    second_derivative_at_point = y_double_prime.subs(x, point)

    if second_derivative_at_point > 0:
        max_min_values[point] = '최솟값'
    elif second_derivative_at_point < 0:
        max_min_values[point] = '최댓값'
# 결과 출력
print(f"극점: {critical_points}")
for point, value_type in max_min_values.items():
    print(f"x = {point}에서 {value_type}")
```

극점: [−1, 2]

x = −1에서 최댓값

x = 2에서 최솟값

```
#함수 최소, 최댓값 구하기
# 함수 정의
def f(x):
    return (x**3)/3 - (x**2)/2 - 2*x + 1/3
# x=1과 x=-2일 때 함수 값 계산
x_values = [-1, 2]
y_values = {x: f(x) for x in x_values}
# 결과 출력
for x, y in y_values.items():
    print(f"x = {x}일 때, 함수 값 y = {y}")
```

x = −1일 때, 함수 값 y = 1.5
x = 2일 때, 함수 값 y = −3.0

표준정규분포 최댓값

먼저 표준정규분포의 R을 이용하여 그래프를 그리고, 최댓값이나 최솟값이 있으면 구하시오.

정규분포 확률밀도함수 $f(x)=\frac{1}{\sqrt{2\pi}\sigma}e^{-\frac{(x-\mu)^2}{2\sigma^2}}$ (평균 $=\mu$, 표준편차 $=\sigma$)

표준정규분포는 평균 = 0, 표준편차 = 1인 경우 $f(x)=\frac{1}{\sqrt{2\pi}}e^{-\frac{x^2}{2}}$

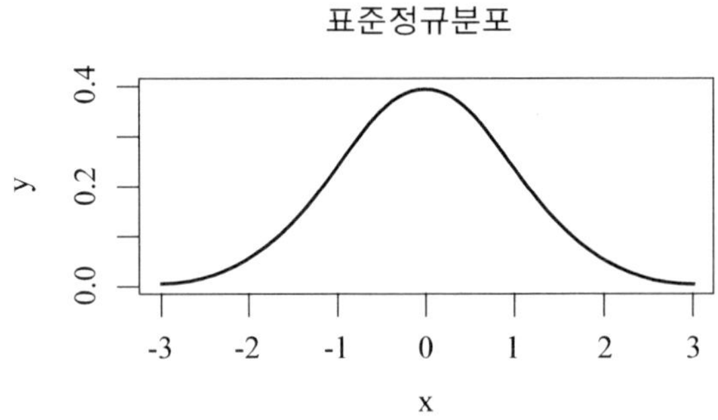

미분하면 $f'=\frac{1}{\sqrt{2\pi}}e^{-\frac{x^2}{2}}(-x)=0$ ➜ $x=0,-\infty,\infty$

2차 미분하면 $f''=-\frac{1}{\sqrt{2\pi}}e^{-\frac{x^2}{2}}+\frac{1}{\sqrt{2\pi}}e^{-\frac{x^2}{2}}x^2$

$x=0$ 에서 2차 미분값 $f''(x=0)<0$; 최댓값 $1/\sqrt{2\pi}$

최댓값, 최솟값 구하기

다음 함수에 대하여 R을 이용하여 그래프를 그리고 (local) 최댓값, (local) 최솟값, 변곡점이 있는지 알아보고 있다면 $(x, f(x))$를 구하시오.

(1) $y=x^2-4x+3$
(2) $y=2x^4-4x^2+1$

(3) $y = 2x^3 - 3x^2$

(4) $y = x^3 - x$

(5) $y = 4 + 3x - x^3$

(6) $y = x^4 - 2x^2$

(7) $y = x - \sin x, 0 \le x \le 2\pi$

3.5.2 자유낙하법칙

자유낙하법칙에 의하면 떨어진 거리 s, 시간 t 사이에는 다음 식이 존재한다.

$$s(t) = \frac{1}{2}gt^2 = 4.9t^2(m) \text{ (중력: } g = 9.8(m/\sec) \text{ Gravity}$$

미분 응용

자유낙하 후 15m 거리에 도달하는 데 걸리는 시간과 3초 후 도달하는 거리는 얼마인가?

$15 = 4.9t^2$ 으로부터 시간 $t = 1.75$ (초)이다.
$s = 4.9(3)^2$ 으로부터 거리 $s = 44.1$ (m)이다.

미분 응용

속력(velocity): 자유낙하를 시작하여 t초가 경과한 후 속력은 얼마인가?

$v(t) = \lim\limits_{\Delta t \to 0} \dfrac{s(t+\Delta t) - s(t)}{\Delta t} = s'(t)$ 이고 속도(speed)는 속력의 절댓값이다.
3초 후 속력은 $s' = 9.8t$ 로부터 $v(3) = s'(3) = 39.4$ (m/sec)이다.

미분 응용

가속도(acceleration): 물체가 얼마나 빨리 속력을 높이나(혹은 줄이나) 측정하는 것이 가속력인데, 이는 거리함수의 2차 미분값이다. 거리 함수가 $s(t)$ 인 경우 가속도는 $a = s''(t) = \dfrac{d^2s}{dt^2}$ 이다.

미분 응용

다이너마이트 폭발 후 바위는 수직으로 $s = 160t - 16t^2$ 에 도달한다.

(1) 얼마나 높이 올라갈까?

$\frac{ds}{dt} = 160 - 32t = 0$ 이므로 $t = 5$ (초후) 최고의 높이에 이른다.

그 때 높이는 $s(5) = 160 * 5 - 16 * 5^2 = 400$

(2) 256 높이에 있을 때 바위의 속력은?

높이가 256일 때 시간은 $s(t) = 160t - 16t^2 = 256$ 이므로 $16(t-2)(t-8) = 0$ 로부터 $t = 2$초와 8초이다.

속력 $v(t) = \frac{ds}{dt} = 160 - 32t$ 이므로 $v(2) = 160 - 32 * 2 = 96$,

$v(8) = 160 - 32 * 8 = -96$ (음의 의미는 떨어짐)

미분 응용

도로의 과속방지 카메라도 미분의 응용이다. 도로 바닥에 일정한 간격으로 2개의 와이어 루프가 설치되어 있다. 두 와이어 감지선 사이 거리는 약 25m이다. 감지선으로부터 20~30m 떨어진 카메라는 첫 감지선 통과할 때 시각과 두 번째 감지선을 통과할 때 시각을 잰 후 차이를 구한다. 이 차의 속도는 $\frac{\Delta s}{\Delta t} = \frac{25m}{\Delta t}$이다. 만약 0.1초 만에 통과한 차량의 속도는?
$\frac{25m}{0.1\text{ 초}} = \frac{25*10*60/1000(km)}{\text{시간}}$ = 시속 120km 속도이다.

미분 응용

달에서 바위를 수직으로 24m/sec 속력으로 던지면 t초 후 높이 $s = 34t - 0.8t^2$ 이 된다고 한다.

(1) 바위의 속력과 가속력을 구하시오.

(2) 바위가 지상에서 가장 높이 올라갈 때까지 걸리는 시간과 그 때의 높이를 구하시오.

(3) 바위가 300m에 있을 때 순간 속력을 구하시오.

3.5.3 경제학 응용

경제학에서 미분은 한계값(marginal value)이라 불린다. A회사에서 냉장고를 생산하는 데 소요되는 비용함수를 $c(x)$ 라 하자. x 는 제품 생산량이다. $c(x)$ 나 $f(x)$ 의 의미는 같다. 둘 다 x 의 함수라는 것이다. 비용이 cost이므로 c를 사용한 것뿐이다.

경제학에서 효용(utility)은 소비자가 재화나 서비스를 소비할 때 느끼는 주관적인 만족을 의미한다. 효용함수(utility function)는 재화 혹은 서비스 소비량 x 과 효용의 관계를 함수 형태로 나타낸 것으로 $u(x)$ 로 나타낸다. u 가 함수의 f 이다.

$\frac{c(x+h)-c(x)}{h}$ 의 의미는 제품을 x 만큼 생산하고 있는 생산 라인에서 제품을 h만큼 더 생산할 때 비용의 평균 비용 증가량이다. $h \to 0$ 일 때 이를 x 서 한계 비용(marginal cost)이라 한다.

$\frac{u(x+h)-u(x)}{h}$ 의미는 재화를 x 만큼 소비하는 소비자가 h만큼 더 소비할 때 평균 효용 증가량이다. $h \to 0$ 일 때 이를 x 서 한계 효용(marginal utility)이라 한다. Cobb Douglas 생산함수 $Y = f(L,K) = AL^{\alpha}K^{\beta}$ 를 보자. L은 노동력 투입량, K는 자본 투입량이고, α, β 는 탄력계수이다. 그러므로 생산량 Y는 L, K의 함수이다.

•• 편미분

함수 f 가 x 만의 함수가 아니라 여러 변수의 함수일 때 각 변수에 대해 미분을 하면 편미분(partial differentiation)한다고 한다. 편미분의 경우 해당변수를 제외하고 다른 변수는 상수로 간주한다. 편미분 기호는 ∂ 이다.

y가 (x, w, z)의 함수 $y = f(x,w,z)$ 이다. x 의 편미분은 다음과 같이 정의한다.

(기호) $\frac{\partial y}{\partial x} = \frac{\partial f(x,w,z)}{\partial x}$ **(정의)** $\frac{\partial y}{\partial x} = \lim_{h \to 0} \frac{f(x+h,w,z) - f(x,w,z)}{(x+h)}$

편미분

Cobb-Douglas 함수 $Y = f(L,K) = AL^{\alpha}K^{\beta}$ 는 L 과 K의 함수이다.
L의 편미분(노동 한계 생산량), K의 편미분(자본 한계 생산량)을 구하시오.

$$\frac{\partial Y}{\partial L} = \alpha AK^{\beta}L^{\alpha-1}, \quad \frac{\partial Y}{\partial K} = \beta AL^{\alpha}K^{\beta-1}$$

한계 비용

A회사에서 냉장고를 생산하는 데 드는 비용함수가 $c(x) = x^3 - 6x^2 + 15x$ 라 하자. 현재는 하루에 10개 생산하고 있다. 이 경우 하나를 더 생산하는 데 드는 비용은 얼마일까? (단위: 만 원)

$$c'(x) = \frac{d}{dx}(x^3 - 6x^2 + 15x) = 3x^2 - 12x + 15$$

$c'(10) = 3(10)^2 - 12(10) + 15 = 195$, 즉 초과 비용은 195(만 원)이다.

경제학 미분 응용

책상을 만드는 회사의 수익 함수는 $r(x) = 2000(100 - x^2 + 30x)$ 이다.
x는 생산량이다.

(1) 다섯 개 생산에서 여섯 개 생산으로 늘리면 수익은 얼마나 증가하는가?
(2) 최대 수익을 얻으려면 생산량을 얼마나 늘려야 하는가?

3.5.4 통계학 응용(OLS 추정치)

미분이 통계학에 사용되는 예를 들어 보자. 미분은 함수의 최댓값이나 최솟값을 구하는 경우에 사용된다.

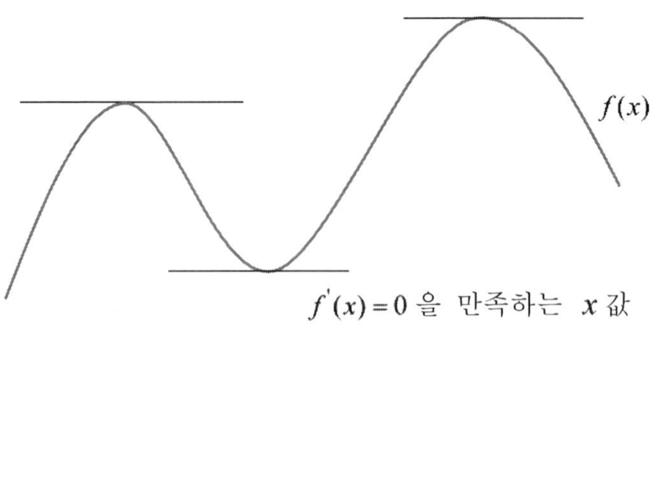

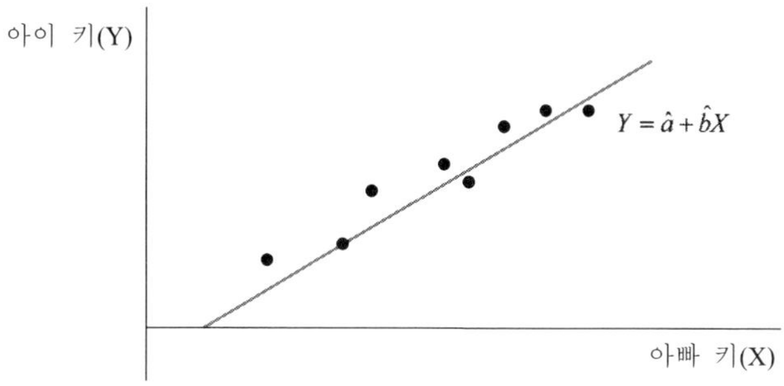

어떤 직선이 가장 적합한가? 회귀모형 $Y=a+bX+e$ 에서 오차항의 제곱합 $\min_{a,b}(e)^2=\min_{a,b}(Y-a-bX)^2$ 을 최소화하는 회귀계수 (a,b) 를 OLS(Ordinary Least Square, 최소자승법) 추정치라 한다. 기호로는 $(\hat{a},\hat{b})$ 으로 나타낸다.

$Q(a,b)=\min_{a,b}(Y-a-bx)^2$ 는 (a,b) 의 함수이므로 함수를 최소화하는 a, b를 구하면 된다. 이는 함수 $Q(a,b)$ 을 (a,b) 에 대해 미분하여 0이라 놓고 방정식을 풀면 된다. 즉 $\frac{\partial f}{\partial a}=0,\ \frac{\partial f}{\partial b}=0$ 을 만족하는 a와 b가 최소자승법 추정치 $(\hat{a},\hat{b})$ 가 된다.

최소자승 추정치

$Q(a,b)$ 을 (a,b) 에 대해 편미분하여 각각을 0으로 하여 연립방정식을 푼다.
정규방정식(normal equation):

$$\frac{\partial Q}{\partial \alpha}=-2\sum_{i=1}^{n}(y_i-\hat{\alpha}-\hat{\beta}x_i)=0\ ,\quad \frac{\partial Q}{\partial \beta}=-2\sum_{i=1}^{n}x_i(y_i-\alpha-\beta x_i)=0$$

정규방정식에서 α,β 의 해를 구하면 다음과 같고 이를 OLS 추정치라 한다.

$$\hat{\beta}=\frac{\sum(x_i-\overline{x})(y_i-\overline{y})}{\sum(x_i-\overline{x})^2},\ \hat{\alpha}=\overline{y}-\hat{\beta}\overline{x}$$

표준정규분포 최댓값

표준정규분포함수 $f(x)=\frac{1}{\sqrt{2\pi}}e^{-x^2/2}$ 의 최빈값(mode)을 구하시오.

일차 미분: $f'(x)=\frac{1}{\sqrt{2\pi}}e^{-x^2/2}\times(-x)=0$, $x=0$ 이 해이다.

이차 차분: $f'(x)=\frac{1}{\sqrt{2\pi}}(e^{-x^2/2}\times(-x)^2-e^{-x^2/2})|_{x=0}=-\frac{1}{\sqrt{2\pi}}<0$

그러므로 $x=0$ 에서 최댓값을 가지므로 최빈값은 $f(x)=\frac{1}{\sqrt{2\pi}}$ 이다.

통계학 응용

함수 $f(b)=E(X-b)^2$ 을 최소화하는 b가 $E(X)$ 임을 보이시오.

파이썬에서 함수 적합 (최소자승법)

```
import numpy as np
import matplotlib.pyplot as plt
from scipy.optimize import curve_fit

# 가상의 데이터 생성 n=20
np.random.seed(0)
x_data = np.linspace(-5, 5, 20)
y_data = 2 * x_data**3 - 3 * x_data**2 + 4 * x_data + 10 + np.random.
normal(0, 10, 20)

# 직선 적합 함수
def linear(x, a, b):
    return a * x + b

# 2차 함수 적합 함수
def quadratic(x, a, b, c):
    return a * x**2 + b * x + c

# 3차 함수 적합 함수
def cubic(x, a, b, c, d):
    return a * x**3 + b * x**2 + c * x + d

# 최소자승법을 이용한 직선, 2차, 3차 적합
params_linear, _ = curve_fit(linear, x_data, y_data)
params_quadratic, _ = curve_fit(quadratic, x_data, y_data)
params_cubic, _ = curve_fit(cubic, x_data, y_data)

# 적합된 함수의 값을 계산
y_fit_linear = linear(x_data, *params_linear)
y_fit_quadratic = quadratic(x_data, *params_quadratic)
y_fit_cubic = cubic(x_data, *params_cubic)
# Residual Sum of Squares 계산
rss_linear = np.sum((y_data - y_fit_linear) ** 2)
rss_quadratic = np.sum((y_data - y_fit_quadratic) ** 2)
rss_cubic = np.sum((y_data - y_fit_cubic) ** 2)
```

```
# 그래프 그리기
plt.figure(figsize=(10, 6))
plt.scatter(x_data, y_data, label='data', color='black')
plt.plot(x_data, y_fit_linear, label='Linear fit (y = {:.2f}x + {:.2f}) :
RSS={:.2f}'.format(params_linear[0], params_linear[1],rss_linear),
color='blue')
plt.plot(x_ data, y_fit_quadratic, label='Quardratic fit (y = {:.2f}x^2 +
{:.2f}x + {:.2f}) : RSS={:.2f}'.format(params_quadratic[0], params_quad-
ratic[1], params_quadratic[2],rss_quadratic), color='green')
plt.plot(x_data, y_fit_cubic, label='Cubic fit (y = {:.2f}x^3 + {:.2f}x^2 +
{:.2f}x + {:.2f}) : RSS={:.2f}'.format(params_cubic[0], params_cubic[1],
params_cubic[2], params_cubic[3],rss_cubic), color='red')
plt.axhline(0, color='grey', lw=0.5, ls='--')
plt.axvline(0, color='grey', lw=0.5, ls='--')
plt.title('fit by OLS')
plt.xlabel('x')
plt.ylabel('y')
plt.legend()
plt.grid()
plt.show()
```

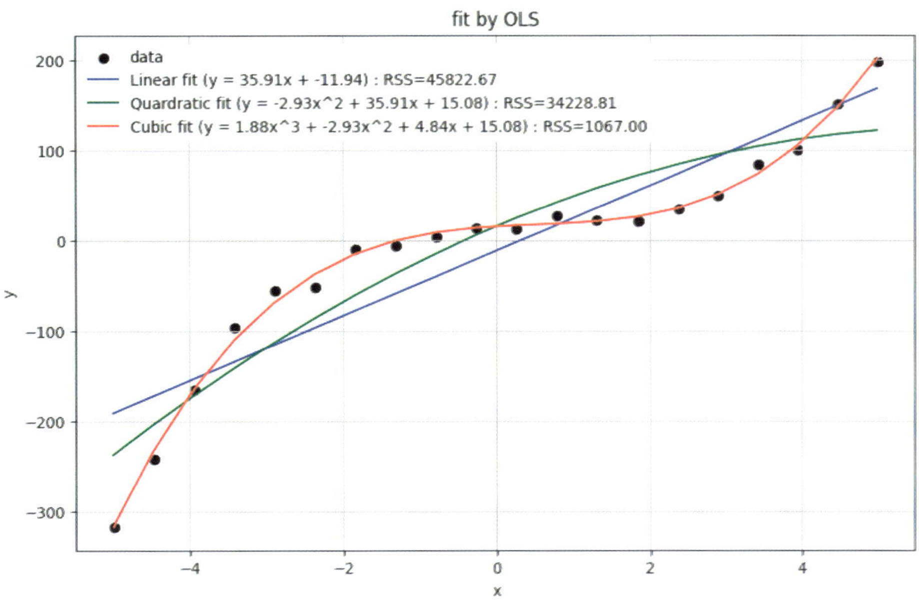

파이썬에서 이론 모형 적합 (최소자승법)

로지스틱 인구 성장 모델

$$P(t) = \frac{K}{1+\frac{K-P_0}{P_0}e^{-rt}}$$

- P(t): 시간 t에서의 인구
- K: 사회 수용 능력(최대 인구)
- P_0: 초기 인구
- r: 성장률

```
import numpy as np
import matplotlib.pyplot as plt
from scipy.optimize import curve_fit

# 가상의 인구 데이터 생성 (예: 10년간의 인구)
years = np.array([0, 1, 2, 3, 4, 5, 6, 7, 8, 9, 10])
population = np.array([100, 120, 150, 200, 300, 450, 600, 800, 900,
950, 1000])  # 예시 데이터

# 로지스틱 성장 함수 정의
def logistic_growth(t, K, P0, r):
    return K / (1 + (K - P0) / P0 * np.exp(-r * t))

# 곡선 맞춤 (최소자승법)
params, covariance = curve_fit(logistic_growth, years, population,
p0=[1000, 100, 0.1])

# 추정된 파라미터
K_estimated, P0_estimated, r_estimated = params
print(f"estimated K (capacity max. population): {K_estimated:.2f}")
print(f"estimated P0 (population at t=0): {P0_estimated:.2f}")
print(f"estimated r (growth rate): {r_estimated:.4f}")

# 예측된 인구 값
years_fit = np.linspace(0, 10, 100)
population_fit = logistic_growth(years_fit, *params)

# 그래프 그리기
plt.figure(figsize=(10, 6))
plt.scatter(years, population, label='data', color='black')
plt.plot(years_fit, population_fit, label='estimated logistic growth
model', color='red')
plt.axhline(0, color='grey', lw=0.5, ls='--')
```

```
plt.axvline(0, color='grey', lw=0.5, ls='--')
plt.title('population growth model (logistic model)')
plt.xlabel('years')
plt.ylabel('population')
plt.legend()
plt.grid()
plt.show()
```

estimated K (capacity max. population): 1111.12
estimated P0 (population at t=0): 50.12
estimated r (growth rate): 0.5455

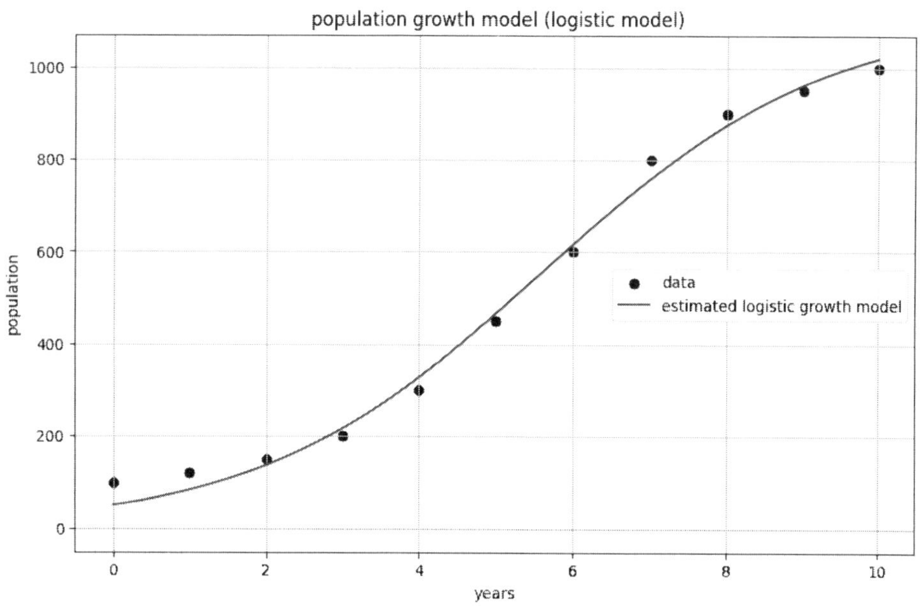

3.5.5 상대 변화율

예제를 중심으로 상대 변화율이 어떤 개념이고 어디에 적용될 수 있는지 알아보자. 풍선이 하늘로 날아간 궤적을 보니 다음과 같고 $\frac{d\theta}{dt} = 0.14(rad/\min)$ 이라고 하자. 지상 500m 지점에서 풍선의 속력은 얼마인가?

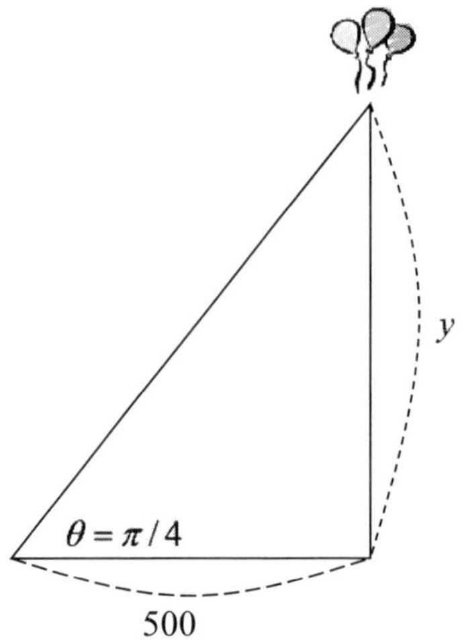

(1) 무엇을 구하는 것인가 적는다. $\theta = \frac{\pi}{4}$ 일 때 $\frac{dy}{dt}$ 을 구한다.

(2) 변수 이름을 설정한다. y = 풍선의 (현재) 높이, θ = 풍선이 날아간 각도

(3) 관계 수식(함수)을 구한다. $\tan\theta = \frac{y}{500}$ 이므로 $y = 500\tan\theta$ 이다.

(4) $y' = 500\sec^2\theta(\frac{d\theta}{dt}) = 500(1.414)^2(0.14) = 140$ 1분당 140의 속력으로 올라간다.

극한 계산

저수통의 물이 분당 $3000(l/\min)$ 로 빠지고 있다. 물의 높이가 얼마나 빨리 줄어들겠는가? (세제곱 미터당 $1,000l$ 물이 있다)

[TIP] $\frac{dV}{dt} = 3000$ 이고 알고자 하는 것은 $\frac{dh}{dt}$ 이다. π 와 r 은 변하지 않음

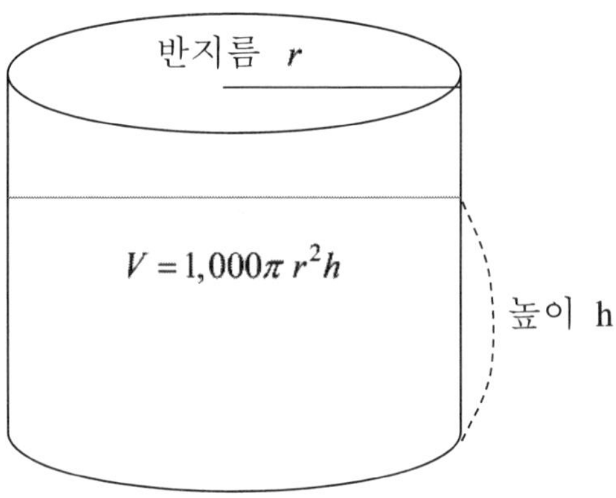

3.5.6 Taylor 시리즈

함수를 임의의 값에서의 미분값의 무한 연속 형태로 표현하는 방법을 Taylor 시리즈라 정의한다. a는 상수(constant)이다.

$$f(x)=f(a)+\frac{f'(a)}{1!}x+\frac{f''(a)}{2!}x^2+\frac{f'''(a)}{3!}x^3+\cdots$$

상수 $a=0$인 경우에 이를 Maclaurin 시리즈라 한다.

$$f(x)=f(0)+\frac{f'(0)}{1!}x+\frac{f''(0)}{2!}x^2+\frac{f'''(0)}{3!}x^3+\cdots$$

Taylor 시리즈

❶ $f(x)=\dfrac{1}{1-x}$ 의 Maclaurin 시리즈를 구하시오.

풀이 | $f(x)=1+x+x^2+x^3+\cdots$

❷ $f(x)=\dfrac{1}{x}$ 의 $a=1$ 에서의 Taylor 시리즈를 구하시오.

풀이 | $f(x)=1-(x-1)+(x-1)^2-(x-1)^3+\cdots$

❸ $f(x)=-\ln(1-x)$ 의 Maclaurin 시리즈를 구하시오.

풀이 | $f(x)=x+\dfrac{x^2}{2}+\dfrac{x^3}{3}+\dfrac{x^4}{4}+\cdots$

❹ $f(x)=\ln(x)$ 의 $a=1$ 에서의 Taylor 시리즈를 구하시오.

풀이 | $f(x)=(x-1)-\dfrac{(x-1)^2}{2}+\dfrac{(x-1)^3}{3}+\cdots$

❺ $f(x)=e^x$ 의 Taylor 시리즈를 구하시오.

풀이 | $f(x)=1+x+\dfrac{x^2}{2!}+\dfrac{x^3}{3!}+\cdots$ (참고) $e^x=\lim_{n\to\infty}(1+\dfrac{1}{n})^n$ (정의)

선형 근사(Linear Approximation)

$$f(x)\approx L(x)=f(a)+f'(a)(x-a)$$

이차 근사(Quadratic Approximation)

$$f(x)\approx Q(x)=f(a)+f'(a)(x-a)+\frac{f''(a)(x-a)^2}{2}$$

근사값 구하기

$\sqrt{9.1}$ 의 근사값을 구하시오(Linear, Quadratic 이용).

풀이

$f(x)=\sqrt{x}$ → $f'(x)=\dfrac{1}{2\sqrt{x}}$ → (이차 미분) $f''(x)=-\dfrac{1}{4x^{3/2}}$

함수값을 구하기 쉬운 9를 a로 이용하자.

$f(9.1)=\sqrt{9.1}$

$L(9.1)=f(9)+f'(9)(9.1-9)$

$Q(9.1)=f(9)+f'(9)(9.1-9)+\dfrac{f''(9)(9.1-9)^2}{2}$

파이썬에서 테일러 근사

함수를 a=1에서 테일러 근사하시오.

선형근사, 4차근사 비교한 결과 차수가 높을수록 더욱 근사한다.

```
import numpy as np
import matplotlib.pyplot as plt
# 함수 정의
def f(x):
    return np.sqrt(x)
# 테일러 다항식 근사 함수 정의 (max=4차)
def taylor_approximation(x, a, n):
    # n차 테일러 다항식
    taylor_sum = 0
    for i in range(n + 1):
        # f^(i)(a) 계산
        if i == 0:
            derivative = f(a)  # f(a)
        elif i == 1:
            derivative = 0.5 * a**(-0.5)  # f'(a)
        elif i == 2:
            derivative = -0.25 * a**(-1.5)  # f''(a)
        elif i == 3:
            derivative = 0.375 * a**(-2.5)  # f'''(a)
        elif i == 4:
            derivative = -0.1875 * a**(-3.5)  # f''''(a)
        taylor_sum += (derivative / np.math.factorial(i)) * (x - a) ** i
```

```
    return taylor_sum
# x 값의 범위 설정
x_values = np.linspace(0, 2, 100)
a = 1  # 근사할 점
n = 1    # 테일러 다항식 차수
# 원 함수와 테일러 근사값 계산
y_values = f(x_values)
taylor_values = taylor_approximation(x_values, a, n)
# 그래프 그리기
plt.figure(figsize=(10, 6))
plt.plot(x_values, y_values, label=r'$f(x) = \sqrt{x}$', color='blue')
plt.plot(x_values, taylor_values, label=f'Taylor Approximation (n={n})',
color='red', li nestyle='--')
plt.axhline(0, color='grey', lw=0.5, ls='--')
plt.axvline(0, color='grey', lw=0.5, ls='--')
plt.title('Taylor Approximation of $f(x) = \sqrt{x}$ at $a = 1$')
plt.xlabel('x')
plt.ylabel('y')
plt.legend()
plt.grid()
plt.xlim(0, 2)
plt.ylim(0, 1.5)
plt.show()
```

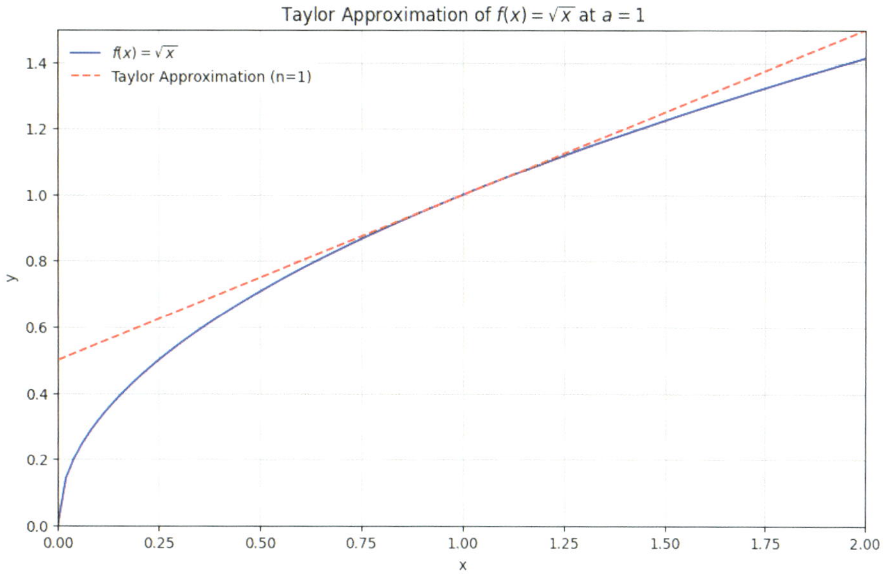

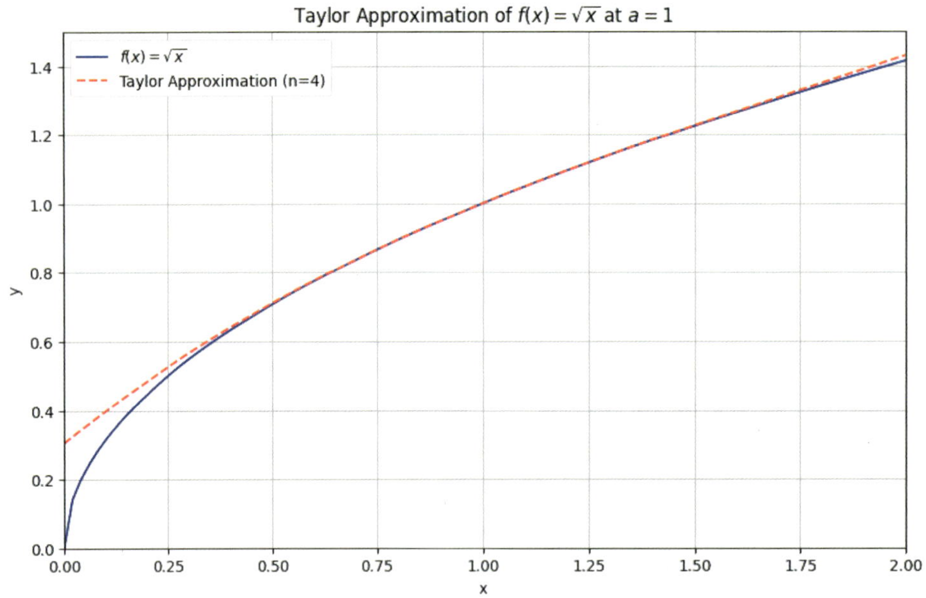

3.5.7 Newton-Raphson Method

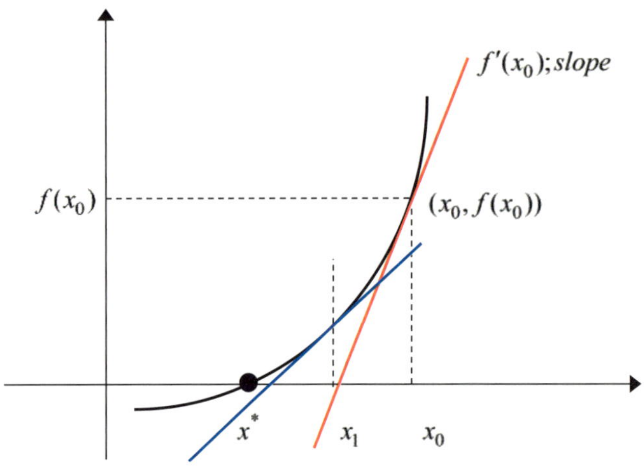

함수 $f(x)$의 해는 x^*이다. 미분을 이용하여 이를 구하는 과정을 N-R 방법이라 한다. 임의의 초기값을 x_0라 하자. 접선의 기울기가 $f'(x_0)$이므로 다음이 성립한다.

$$f'(x_0) = \frac{f(x_0)}{x_1 - x_0}$$

이를 x_1으로 (다음의 초기 값) 정리하면 다음과 같다.

$$x_1 = x_0 + \frac{f(x_0)}{f'(x_0)}$$

이를 반복하면 다음 식이 성립한다.

$$x_{n+1} = x_n + \frac{f(x_n)}{f'(x_n)}$$

만약, $|x_{n+1} - x_n| < \varepsilon = 0.0001$ (충분히 작은 값)이 성립하는 x_{n+1}이 함수 $f(x)$의 해가 된다.

N-R 방법에 의해 해를 항상 구할 수 있는 것은 아니다. 다음은 초기값을 잘못 잡게 되어 해를 구할 수 없는 예이다. R-N 방법을 이용할 때는 해에 대한 근사값을 알거나 그래프를 그려 예상하는 것이 필요하다.

다음은 위키피디아의 그래프 표현을 캡처한 것이다. 곡선은 함수 $f(x)$이고 직선은 각 x값에서의 함수의 접선이다. 초기값 x_1을 시작으로 N-R 방법을 적용하여 4단계에 얻은 x_5가 함수 $f(x)$의 해에 근사한다.

(단계 1)

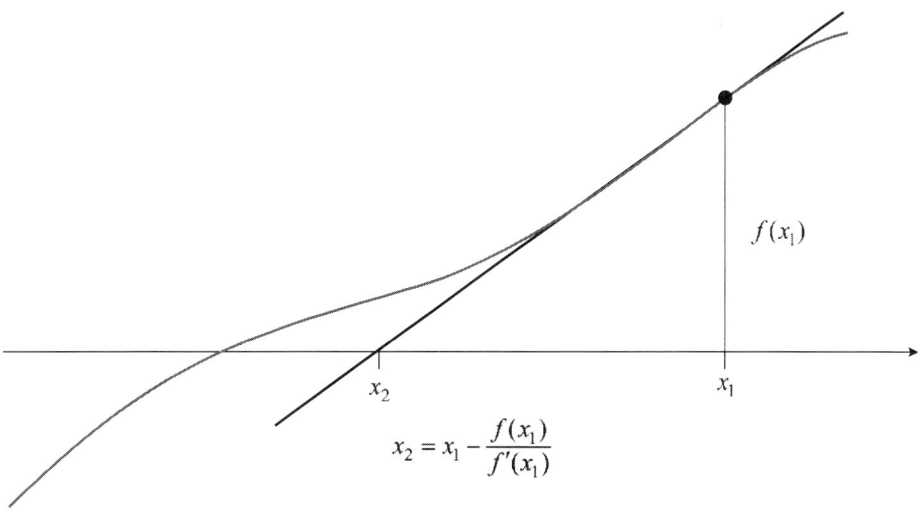

(단계 2)

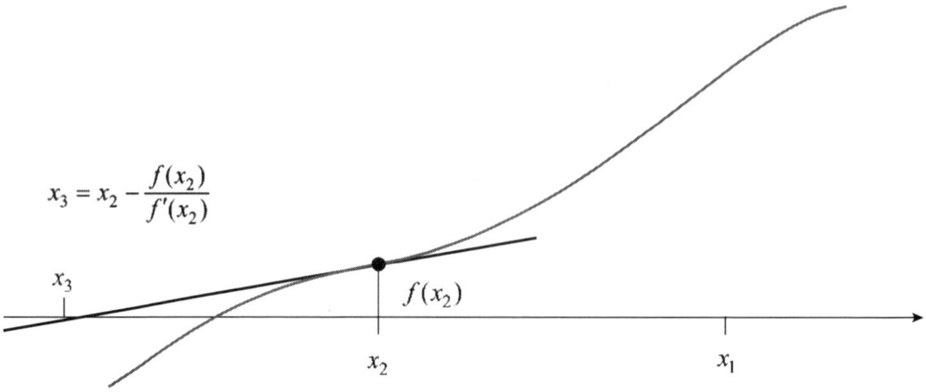

$x_3 = x_2 - \frac{f(x_2)}{f'(x_2)}$
x_3
$f(x_2)$
x_2
x_1

(단계 3)

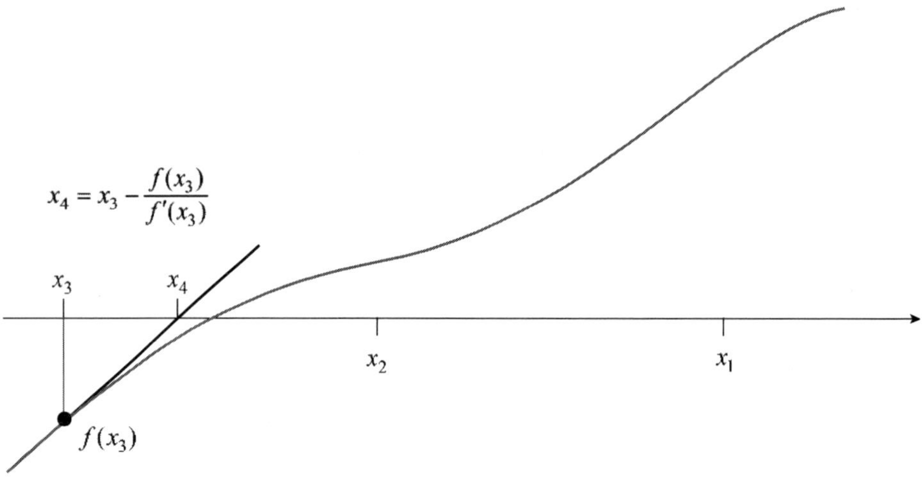

$x_4 = x_3 - \frac{f(x_3)}{f'(x_3)}$
x_3
x_4
x_2
x_1
$f(x_3)$

(단계 4)

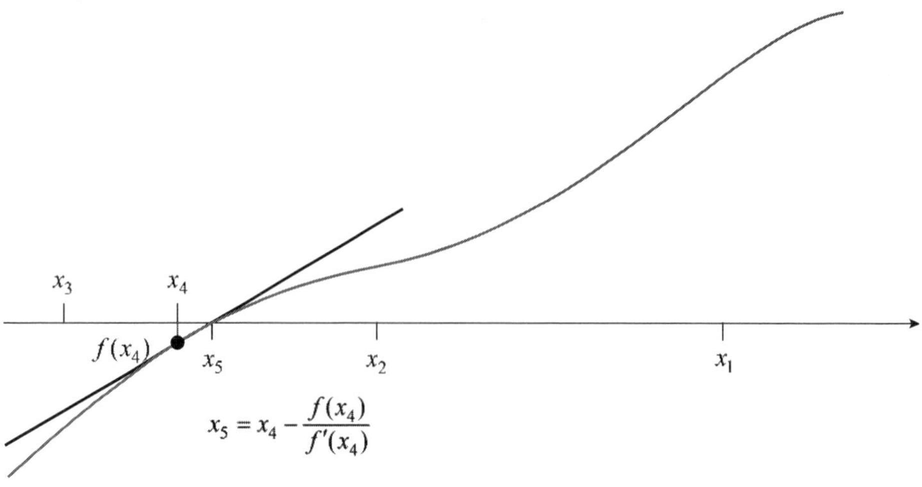

x_3
x_4
$f(x_4)$
x_5
x_2
x_1
$x_5 = x_4 - \frac{f(x_4)}{f'(x_4)}$

파이썬에서 Newton-Raphson

함수의 해를 뉴턴-랩슨 방법에 의해 구하자.

함수 해는 =1.4142135623731이다.

4번 반복 후 구한 근은 1.4142135623746899이다.

```
# Newton-Raphson 방법
import numpy as np
import matplotlib.pyplot as plt
# 함수 정의
def f(x):
    return x**2 - 2
# 함수의 도함수 정의
def f_prime(x):
    return 2*x
# 뉴턴-랩슨 방법 함수 정의
def newton_raphson(f, f_prime, x0, tolerance=1e-7, max_iterations=100):
    x_n = x0
    for n in range(max_iterations):
        fx_n = f(x_n)
        f_prime_x_n = f_prime(x_n)
        if abs(fx_n) < tolerance:
            print(f"Converged to {x_n} after {n} iterations.")
            return x_n
        if f_prime_x_n == 0:
            print("Derivative is zero. No solution found.")
            return None
        x_n = x_n - fx_n / f_prime_x_n
    print("Exceeded maximum iterations. No solution found.")
    return None
# 초기 추정값 설정
x0 = 1.0
# 뉴턴-랩슨 방법 실행
root = newton_raphson(f, f_prime, x0)
# 결과 출력
if root is not None:
    print(f"근: {root}")
```

```
# 함수 시각화
x_values = np.linspace(0, 2, 400)
y_values = f(x_values)
plt.figure(figsize=(8, 6))
plt.plot(x_values, y_values, label=r'$f(x) = x^2 - 2$', color='blue')
plt.axhline(0, color='black', lw=1)
plt.axvline(root, color='red', linestyle='--', label=f'Root at x =
{root:.5f}')
plt.title('Newton-Raphson Method')
plt.xlabel('x')
plt.ylabel('f(x)')
plt.legend()
plt.grid(True)
plt.show()
```

Converged to 1.4142135623746899 after 4 iterations.
근: 1.4142135623746899

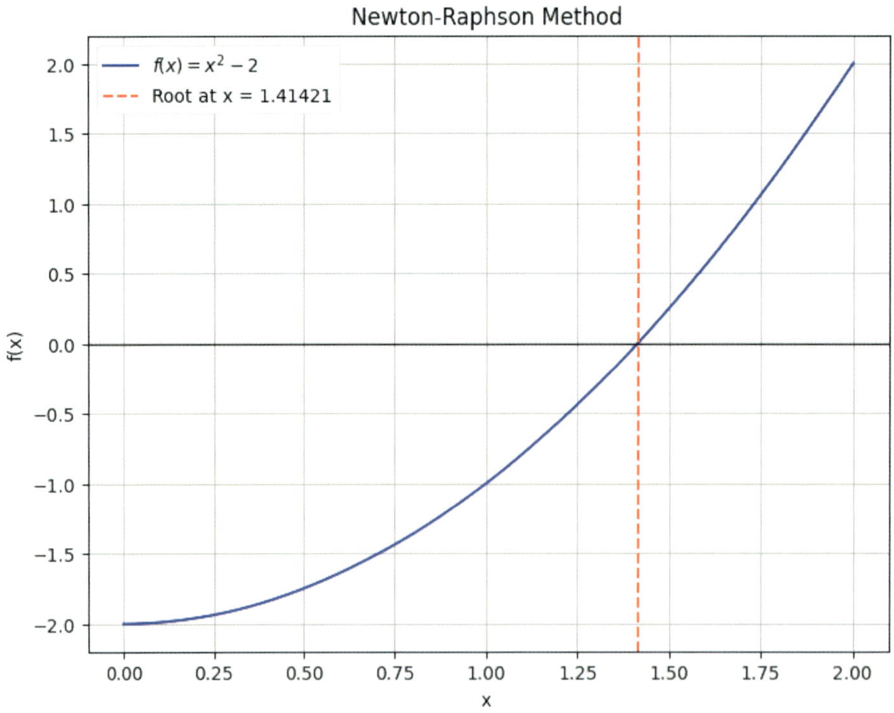

연습문제

1 **다음을 미분하시오.**

(1) $y = 2x^2 - 4x - 8$

(2) $y = (x-1)(3-x^2)$

(3) $y = \dfrac{(x^2-1)}{(x^2+x-2)}$

(4) $y = \dfrac{(x^3+7)}{x}$

(5) $y = \dfrac{3}{x^2}$

(6) $y = \dfrac{(1-x)}{(1+x^2)}$

(7) $y = \dfrac{x^5}{120}$

(8) $y = (x-1)x(x+1)$

(9) $y = (x + \dfrac{1}{x^2})(x - \dfrac{1}{x^2})$

(10) $y = x(1+x^2)^{-1}$

2 **미분 개념**

x=3인 곳에서 미분값의 의미를 그래프로 표현하여 설명하시오.

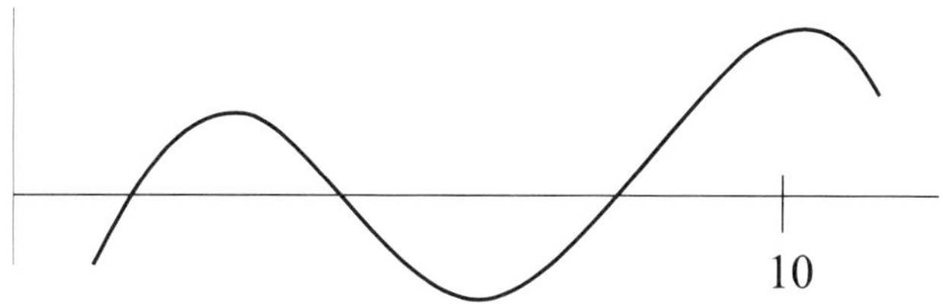

3 **미분 정의**

함수 $y = x^2 + ax + b$ 와 함수 $y = cx - x^2$ 이 점 (1, 0)을 지나고 이 점에서 동일 접선을 갖는다. 상수 a, b, c 을 구하시오.

4 **미분 응용**

어떤 직선이 점 (2, 3)을 지나고 곡선 $y = x^3 - 3x + 1$ 의 (2, 3)에서의 접선과 직교(perpendicular)한다. 이 직선의 방정식을 구하시오.

TIP 기울기와 한 점을 알고 있으면 직선방정식을 구한다. $y = a + mx$

5 **다음 함수의 (local) 최댓값, (local) 최솟값, 변곡점이 있는지 알아보고 있다면 $(x, f(x))$를 구하시오.**

(1) $y = x(6-2x)^2$

(2) $y = 2x^4 - 4x^2 + 1$

(3) $y = 2x^3 - 3x^2$

(4) $y = 2x - x^2$

(5) $y = 4 + 3x - x^3$

(6) $y = x^4 - 2x^2$

(7) $y = x - \sin x, 0 \le x \le 2\pi$

(8) $y = (x-2)^3 + 1$

6 **클립이 가장 높이 올라갔을 때 시각과 그 때의 높이를 구하시오.**

실험자가 종이 클립을 고무줄로 하늘을 향해 수직으로 쏘아 올렸더니 t초 후 클립의 높이는 $s(t) = -16t^2 + 96t$ (단위: m)이었다.

(1) 가장 높이 올라갔을 때 시각 t와 높이를 구하시오.

(2) 클립이 112m 높이에 있을 때 속력을 구하시오.

7 **수익 최대화 문제**

정원이 60명인 버스 승객 수를 x명이라 할 때 요금을 $p(x) = [3 - x/40]^2$ (승객당) 받는다. 버스 최대 수익을 위해서는 승객이 몇 명 탑승해야 하는지 구하시오.

8 **다음에서 b 값을 구하시오.**

함수 $y = x^3 + bx^2 + cx + d$ (b, c, d는 상수) 는 $x = 1$에서 변곡점을 갖는다고 한다. 이 때 상수 b을 구하시오.

9 **최댓값, 최댓값, 있으면 변곡점이 되는 x 값을 구하시오.**

다음은 $y = f(x)$의 미분함수이다. 있으면 최댓값, 최댓값, 변곡점이 되는 x 값을 구하시오(함수값을 구하는 것이 아니라 x을 구하는 것임).

$$(\text{미분 함수})\ y' = f'(x) = 6x(x+1)(x-2)$$

10 **하늘에서 떨어지는 두 낙하산(1, 2)의 위치는 각각 다음과 같다. 두 낙하산의 속력이 같아지는 시점(t)에서 각 낙하산의 위치를 구하시오.**

낙하산 1: $s_1(x) = 3t^3 - 12t^2 + 18t + 5$ (단위: m)

낙하산 2: $s_2(x) = -t^3 + 9t^2 + 12t$ (단위: m)

Chapter 04

적분

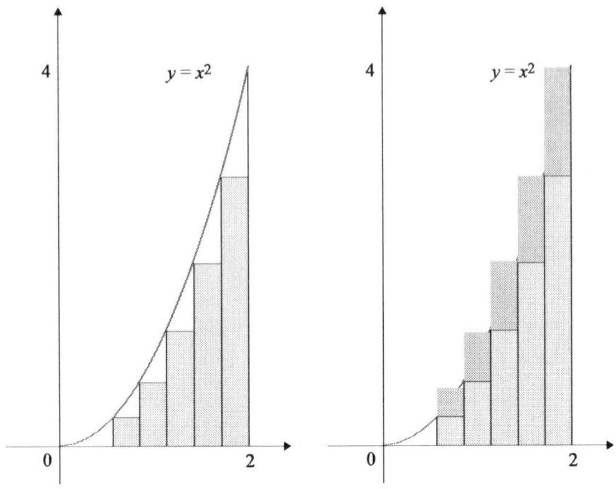

고대 수학자들은 직선으로 이루어진 도형의 면적을 비교적 쉽게 계산할 수 있었다. 사각형, 삼각형, 평행사변형, 사다리꼴과 같은 도형들은 각 도형의 밑변과 높이를 이용한 공식으로 면적을 구할 수 있었기 때문이다. 그러나 곡선이 포함된 도형의 면적을 구하는 문제는 훨씬 더 복잡했다.

곡선이 있는 도형의 면적을 구하기 위해, 현대 수학에서는 적분 개념이 도입되었다. 이는 고대 그리스의 수학자 아르키메데스와 같은 사람들이 처음으로 탐구한 주제이다. 아르키메데스는 곡선 아래의 면적을 구하는 문제를 해결하기 위해, 곡선을 여러 개의 매우 작은 직사각형으로 나누어 면적을 근사하는 방식을 사용했다. 이 과정이 발전하여 미적분학이 탄생했으며, 아이작 뉴턴과 고트프리트 라이프니츠가 이 개념을 정립했다.

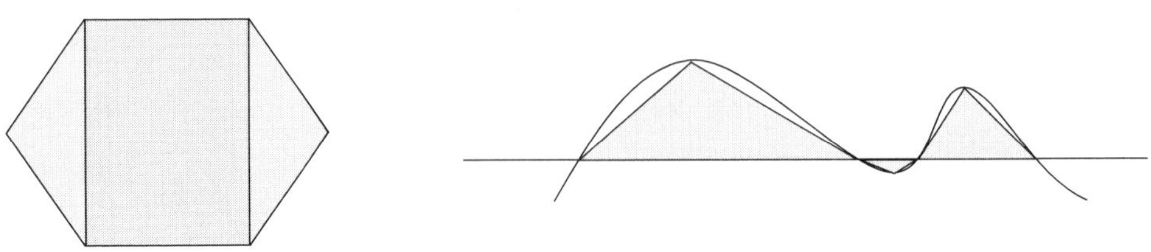

1. 곡선을 따라 매우 작은 구간으로 나누고, 각 구간에서 직사각형이나 작은 도형

을 만들어 그 면적을 구한다.

2. 구한 작은 도형들의 면적을 모두 더해 전체 곡선 아래의 면적을 근사한다.
3. 구간을 점점 더 작게 나누어 면적을 더 정확하게 근사한다.
4. 극한 과정을 통해 정확한 면적을 구하는 것이 정적분을 사용하는 방법이다.

Archimedes는 곡선 아래의 면적을 구하기 위해 이미 알려진 도형인 다각형이나 삼각형으로 곡선을 근사하는 방법을 생각해냈다. 곡선을 따라 매우 작은 구간으로 나눈 후, 그 구간에서 직선으로 이루어진 도형들을 만들고 면적을 계산하여 전체 곡선의 면적을 점점 더 정확하게 구하는 방식이다. 이는 오늘날의 적분 개념의 기초가 되었으며, 면적에 대한 현재의 정의를 구성하는 중요한 요소가 되었다.

통계학에서도 적분은 중요한 역할을 한다. 특히 확률 계산에서 자주 사용되는데, 그 중 하나가 정규분포를 따르는 확률변수의 특정 구간에서의 확률을 계산하는 경우이다. 정규분포는 연속적인 확률분포로, 전체 면적이 1이 되는 특징을 가진다. 확률의 정의에 따라, 특정 구간에서 확률을 계산할 때는 그 구간에 해당하는 면적을 구해야 하는데, 이때 적분을 사용한다.

예를 들어, 표준정규분포에서 확률변수가 특정 구간에 속할 확률을 계산하려면, 해당 구간에 대한 분포 함수의 적분을 구하는 방식이다. 이는 곡선 아래의 면적을 구하는 것과 유사하며, 확률이 면적으로 해석된다는 점에서 적분이 중요한 도구로 사용된다.

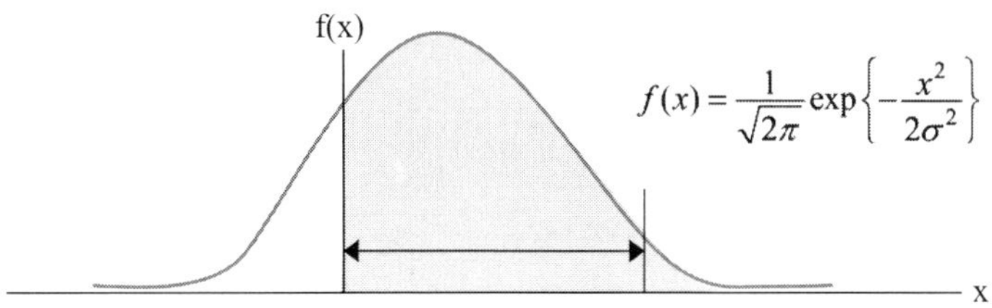

4.1 부정적분

만약 함수 $f(x)$ 의 모든 정의역에서 $F'(x)=f(x)$ 이라면, 함수 $F(x)$ 는 $f(x)$ 의 역-미분(anti-derivative)이라 한다. 이처럼 적분은 미분의 역이다. 적분의 결과를 미분하면 원의 함수가 된다.

definition

만약 함수 $f(x)$ 가 미분가능하다면, 함수 $f(x)$ 의 모든 역-미분 함수를 함수 $f(x)$ 의 x 에 대한 부정적분(indefinite integral with respect to x)이라 하고 $\int f(x)dx$로 표시한다.

$\int$ (integral)은 적분 기호이며, dx의 의미는 함수 $f(x)$ 를 x에 대해 적분한다는 것이다. 부정적분을 구하는 방법은 다음과 같다.

(1) $\int f(x)dx=F(x)+c$ (c는 임의의 상수) : 기본 개념

(2) $\int kf(x)dx=k\int f(x)dx$ (상수항 곱의 규칙)

(3) $\int [f(x)\pm g(x)]dx=\int f(x)dx\pm\int g(x)dx$ (합과 차의 규칙)

예제

함수 $f(x)=2x$ 의 부정적분 $\int 2xdx$ 를 구하자.

$\int 2xdx=x^2+c$. x^2 (역-미분)을 미분하면 $2x$ 이다.

예제

함수 $f(x)=x^5$의 부정적분을 구하자.

$\int x^5dx=\frac{1}{6}x^6+c$

예제

$\int (x^2 - 2x + 5)dx$ 을 구하자.

$$\int (x^2 - 2x + 5)dx = \frac{1}{3}x^3 - x^2 + 5x + c$$

위 예제에서 적분 결과를 미분하면 적분하려는 원 함수와 같음을 알 수 있다. 그러므로 적분은 역-미분 개념이다.

파이썬에서 부정적분하기

```
import sympy as sp
# 심볼 변수 x 정의
x = sp.symbols('x')
# 적분할 함수 정의
f = x**2-2*x+5
# 부정적분 계산
F = sp.integrate(f, x)
# 결과 출력
print(f"부정적분: {F}")
```

부정적분: x**3/3 - x**2 + 5*x

연습문제

다음 함수의 부정적분을 구하자.

(1) $f(x) = 6x^{-3} + 2x + 3$

(2) $f(x) = 2\sqrt{x}$

(3) $f(x) = x^{-2/3}$

(4) $f(x) = \frac{2}{x^3}$

(5) $f(x) = 2 - \frac{5}{x^2}$

(6) $f(x) = 3\cos x$

4.2 정적분

정적분(면적)은 부정적분(역-미분 함수)과는 다른 접근 방법이다. 그러나 이 두 개념은 17세기 경에 Newton-Leibniz에 의해 서로 연결되었고 이를 적분(integral)이라 하였다. 우선 이 절에서는 정적분의 개념을 살펴보기로 하자. 구간 $[a,b]$의 함수 $f(x)$ 아래 면적은 어떻게 구할까? 구간 $[a,b]$을 아래와 같이 여러 구간으로 나눈 후 얻은 직사각형의 면적의 합을 함수의 면적으로 생각할 수 있다. 함수와 x축으로 이루어진 공간의 면적을 정적분이라 한다. 아래 그림에서 정적분(실제 면적: 함수 $f(x)$와 x축 사이 면적)은 왼쪽보다는 크고 오른쪽 보다는 적을 것이다.

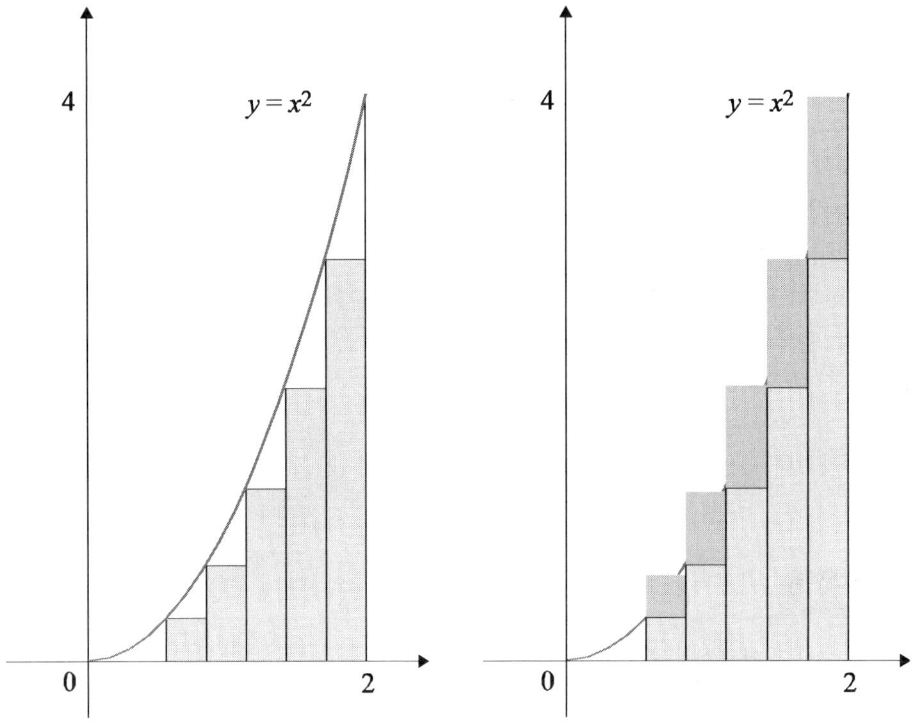

4.2.1 Riemann 적분

구간 $[a,b]$의 함수 $f(x)$ Riemann Integral (면적)은 다음과 같이 계산된다.

$$S_r = \sum_{k=1}^{n} f(c_k)\Delta x_k$$

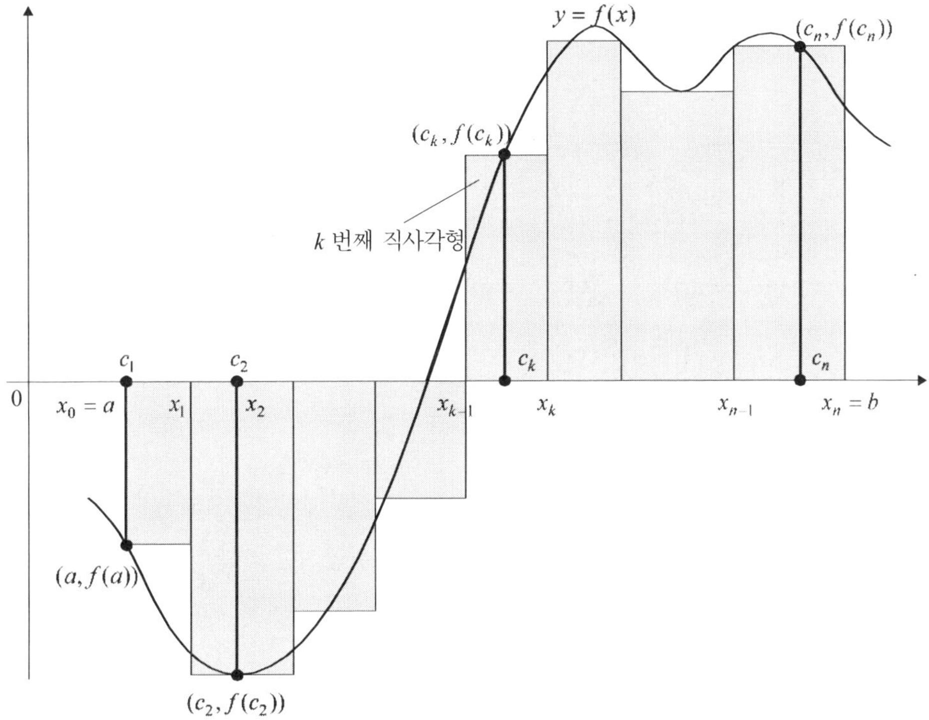

구간을 더 좁게 나눌수록 실제 면적과 Riemann 적분의 차이는 줄어든다. 나눈 구간의 넓이가 0으로 가져가면 Riemann 면적과 실제 함수의 면적은 같아질 것이다.

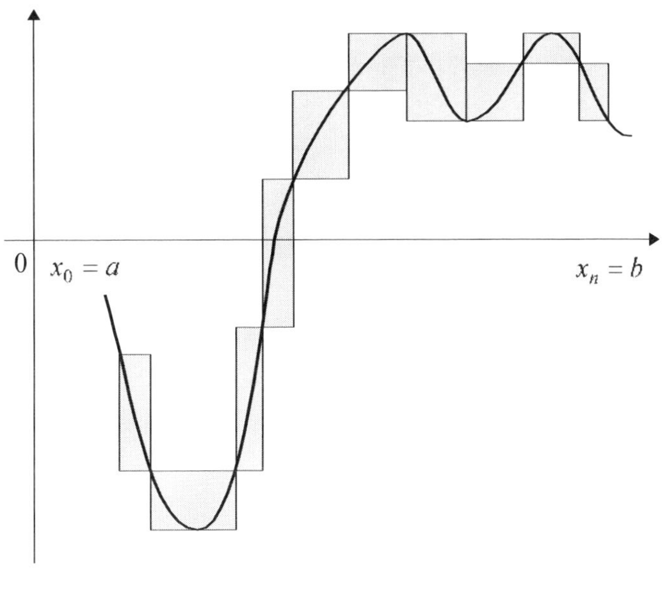

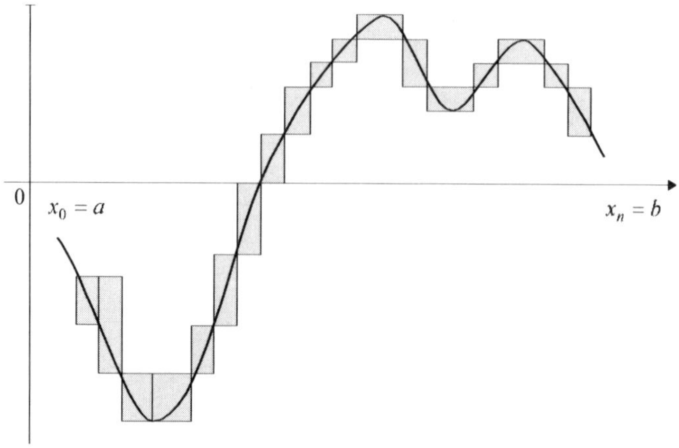

면적을 구하기 위하여 함수의 구간을 나누고 구간의 넓이를 0으로 근사하여야 하는가? 그렇지는 않다. 단지 정적분 개념을 설명하기 위함이다. 다음 절에 나온 규칙들을 이용하여 정적분을 구하면 된다.

4.2.2 정적분 구하기

다음 규칙을 이용하여 정적분을 손쉽게 구할 수 있다.

(1) $\int_a^a f(x)dx = 0$ [통계: 연속 확률변수의 한 점에서 확률은 0이다]

(2) $\int_a^b f(x)dx = -\int_b^a f(x)dx$ (구간의 순서가 바뀌면 부호 반대)

(3) $\int_a^b kf(x)dx = k\int_a^b f(x)dx$ (k는 임의의 상수)

(4) $\int_a^b [f(x) \pm g(x)]dx = \int_a^b f(x)dx \pm \int_a^b g(x)dx$ (합과 차)

(5) 만약 구간 $[a,b]$에서 $f(x) \ge g(x)$ 이면 $\int_a^b f(x)dx \ge \int_a^b g(x)dx$ (domination)

(6) 만약 구간 $[a,b]$에서 $f(x) \ge 0$ 이면 $\int_a^b f(x)dx \ge 0$

[통계] 확률변수의 분포함수는 항상 0(확률의 정의)이므로 구간의 확률 또한 0보다 크다.

(7) $\int_a^b f(x)dx + \int_b^c f(x)dx = \int_a^c f(x)dx$

(8) $\int_a^b cdx = c(b-a)$

4.2.3 정적분과 부정적분과 관계

Newton-Leibniz은 $\int_a^b f(x)dx = F(b) - F(a)$ 임을 보였다.

예제

$-2 \le x \le 2$ 구간에서 1) $y = 4 - x^2$ 과 2) $y = x^2 - 4$ 의 정적분을 구하자.

함수 $y = 4 - x^2$ 는

$-2 \le x \le 2$ 에서 양의 값이므로

$$\int_{-2}^{2} (4 - x^2)dx = \left[4x - \frac{x^3}{3}\right]_{-2}^{2} = \frac{32}{3}$$

함수 $y = x^2 - 4$ 는

$-2 \le x \le 2$ 에서 음의 값이므로

$$-\int_{-2}^{2} (x^2 - 4)dx = \int_{-2}^{2} (4 - x^2)dx = \frac{32}{3}$$

정적분을 구할 때 다음 절차를 따른다.

(1) 구하려는 구간 $[a,b]$ 에서 $f(x) = 0$ 인 x 값을 구한다.

(2) $f(x) = 0$ 인 x 값에 의해 구간 $[a,b]$에 의해 서브(sub) 구간을 나눈다. 구간을 나누는 곳은 함수값(y)의 부호가 바뀌는 곳이다. 위의 예제 함수에서는 함수값이 바뀌는 구간이 없으나 아래 예제 함수의 경우 $x = 0$ 에서 부호가 바뀐다.

(3) 서브 구간의 적분을 구한다.

(4) 구한 적분 값에 절댓값을 취한 후 합해 정적분을 구한다.

파이썬에서 정적분하기

```
import numpy as np
import matplotlib.pyplot as plt
# x 값의 범위 설정
x = np.linspace(-3, 3, 400)
# 함수 정의
y = 4 - x**2
```

```
# 그래프 그리기
plt.plot(x, y, label=r'$y = 4 - x^2$', color='blue')
# 구간 (-2, 2)에서의 x 값 설정
x_fill = np.linspace(-2, 2, 400)
# 구간 (-2, 2)에서의 y 값 설정
y_fill = 4 - x_fill**2
# 구간 (-2, 2)에서의 면적 칠하기
plt.fill_between(x_fill, y_fill, color='lightblue', alpha=0.6)
# 축 설정 및 제목
plt.axhline(0, color='black',linewidth=1)
plt.axvline(0, color='black',linewidth=1)
plt.title('Area under $y = 4 - x^2$ in the interval (-2, 2)')
plt.xlabel('x')
plt.ylabel('y')
plt.grid(True)
plt.legend()
# 그래프 보여주기
plt.show()
```

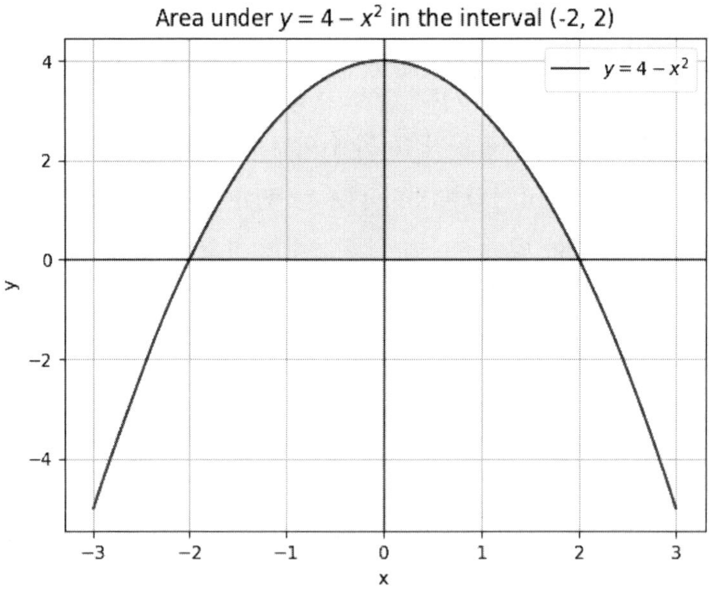

```
import sympy as sp
# 심볼 변수 x 정의
x = sp.symbols('x')
# 함수 정의
f = 4 - x**2
# 구간 (-2, 2)에서 정적분 계산
integral_result = sp.integrate(f, (x, -2, 2))
# 결과 출력
print(f"구간 (-2, 2)에서 정적분: {integral_result}")
```

구간 (-2, 2)에서 정적분: 32/3

```
import numpy as np
import matplotlib.pyplot as plt
# x 값의 범위 설정
x = np.linspace(-3, 3, 400)
# 함수 정의
y = x**2-4
# 그래프 그리기
plt.plot(x, y, label=r'$y = 4 - x^2$', color='blue')
# 구간 (-2, 2)에서의 x 값 설정
x_fill = np.linspace(-2, 2, 400)
# 구간 (-2, 2)에서의 y 값 설정
y_fill = x_fill**2-4
# 구간 (-2, 2)에서의 면적 칠하기
plt.fill_between(x_fill, y_fill, color='lightblue', alpha=0.6)
# 축 설정 및 제목
plt.axhline(0, color='black',linewidth=1)
plt.axvline(0, color='black',linewidth=1)
plt.title('Area under $y = x^2-4$ in the interval (-2, 2)')
plt.xlabel('x')
plt.ylabel('y')
plt.grid(True)
plt.legend()
# 그래프 보여주기
plt.show()
```

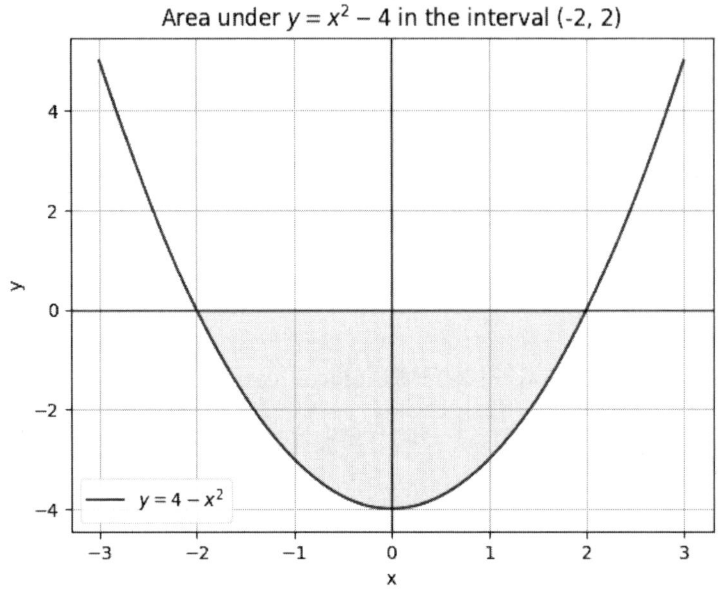

예제

$-2 \le x \le 2$ 구간에서 $y = x^3 - 4x$ 과 정적분을 구하자.

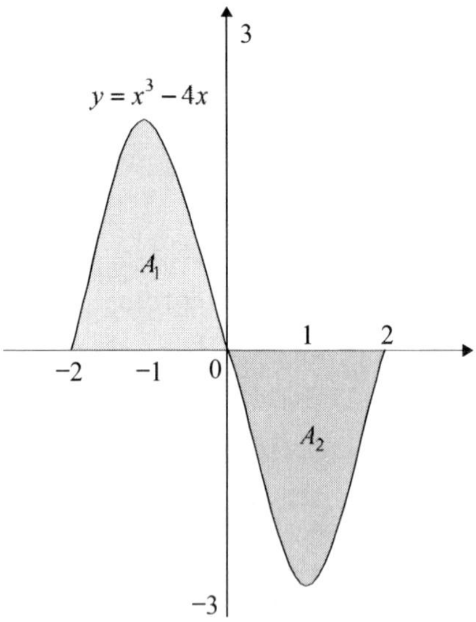

(1) $y = x(x^2 - 4) = x(x-2)(x+2) = 0 \Rightarrow x = -2, 0, 2$

(2) $x = 0$ 에서 함수값이 바뀌므로 $[-2, 0]$ 과 $[0, 2]$ 두 개의 서브 구간으로 나눈다.

(3) 적분을 구한다.

$$\int_{-2}^{0}(x^3-4x)dx = \frac{1}{4}x^4 - 2x^2\Big]_{-2}^{0} = 4$$

$$\int_{0}^{2}(x^3-4x)dx = \frac{1}{4}x^4 - 2x^2\Big]_{0}^{2} = -4$$

(4) 면적은 $|4|+|-4|=8$ 이다.

매번 함수값이 0인 경우를 생각해야 되나? 통계학에서는 그럴 필요가 없다. 통계학에서는 확률밀도함수와 같이 함수값(확률)이 0이상인 경우에만 관심을 갖기 때문이다.

파이썬에서 정적분하기

```
import numpy as np
import matplotlib.pyplot as plt
# x 값의 범위 설정
x = np.linspace(-3, 3, 400)
# 함수 정의
y = x**3-4*x
# 그래프 그리기
plt.plot(x, y, label=r'$y = 4 - x^2$', color='blue')
# 구간 (-2, 2)에서의 x 값 설정
x_fill = np.linspace(-2, 2, 400)
# 구간 (-2, 2)에서의 y 값 설정
y_fill = x_fill**3-4*x_fill
# 구간 (-2, 2)에서의 면적 칠하기
plt.fill_between(x_fill, y_fill, color='lightblue', alpha=0.6)
# 축 설정 및 제목
plt.axhline(0, color='black',linewidth=1)
plt.axvline(0, color='black',linewidth=1)
plt.title('Area under $y = x^2-4$ in the interval (-2, 2)')
plt.xlabel('x')
plt.ylabel('y')
plt.grid(True)
plt.legend()
# 그래프 보여주기
plt.show()
```

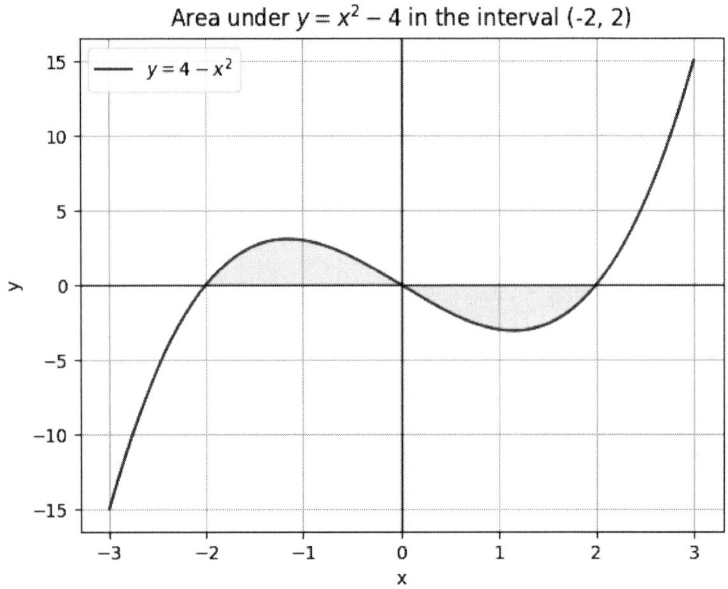


```
import sympy as sp
# 심볼 변수 x 정의
x = sp.symbols('x')
# 함수 정의
f = x**3-4*x
# 구간 (-2, 2)에서 정적분 계산
integral_result = sp.integrate(f, (x, -2, 0))-sp.integrate(f, (x, 0, 2))
# 결과 출력
print(f"구간 (-2, 2)에서 정적분: {integral_result}")
```

구간 (−2, 2)에서 정적분: 8

연습문제

다음 함수의 정적분을 구하자.

(1) $\int_0^1 (1+x^2)dx$

(2) $\int_0^2 (4-x^3)dx$

(3) $\int_0^1 (x^2 + \sqrt{x})dx$

(4) $\int_1^{32} x^{-5/6} dx$

(5) $\int_0^{\pi} (\sin x)dx$

(6) $\int_{-2}^{-1} \frac{2}{x^2} dx$

(7) $\int_{-1}^{1} (s+1)ds$

(8) $\int_{-4}^{4} |x|\, dx$

파이썬에서 정적분하기

$$\int_0^1 x^2 + \sqrt{xdx} = \frac{1}{3}x^3 + \frac{2}{3}x^{1.5}\Big|_0^1 = 1$$

```
import sympy as sp
# 심볼 변수 x 정의
x = sp.symbols('x')
# 함수 정의:
f = x**2 + x**0.5
# 구간 (0, 1)에서 정적분 계산
integral_result = sp.integrate(f, (x, 0, 1))
# 결과 출력
print(f"구간 (0, 1)에서 정적분: {integral_result}")
```

구간 (0, 1)에서 정적분: 1.000

4.3 치환적분

치환적분은 미분의 연쇄법칙의 반대 개념이다. 이해를 돕기 위하여 예를 들어 설명하기로 하자. u가 미분가능한 x의 함수일 경우 $\int u^n du = \frac{u^{n+1}}{n+1} + c$ 이다.

예제

$\int (x+2)^5 dx$ 을 구하자.

만약 $u = x+2$ 라 놓으면 $du = d(x+2) = dx$ 이고 $\int (x+2)^5 dx$ 는 $\int u^5 du$ 이다.

그러므로 $\int u^5 du = \frac{u^6}{6} + c = \frac{(x+2)^6}{6} + c$

파이썬에서 정적분하기

$$\int_0^1 x^2 + \sqrt{x dx} = \frac{1}{3}x^3 + \frac{2}{3}x^{1.5}\Big|_0^1 = 1$$

```
import sympy as sp
# 심볼 변수 x 정의
x = sp.symbols('x')
# 함수 정의:
f = x**2 + x**0.5
# 구간 (0, 1)에서 정적분 계산
integral_result = sp.integrate(f, (x, 0, 1))
# 결과 출력
print(f"구간 (0, 1)에서 정적분: {integral_result}")
```

구간 (0, 1)에서 정적분: 1.000

예제

$\int \sqrt{1+x^2} \cdot 2x dx$ 을 구하자.

만약 $u = 1 + x^2$ 라 놓으면 $du = d(1+x^2) = 2x dx$ 이고, $\int \sqrt{1+x^2} \cdot 2x dx$ 는 $\int u^{1/2} du$ 이다.

그러므로 $\int u^{1/2} du = \frac{2u^{3/2}}{3} + c = \frac{2(1+x^2)^{3/2}}{3} + c$ 이다.

연쇄법칙의 역으로 생각한다면, $\sqrt{1+x^2}$ 의 안을 미분하면 다른 항 $2x$ 가 나타나므로 우선 $(1+x^2)^{3/2}$ 을 시작으로 미분을 하여 계수를 맞추는 작업을 한다.

(1) $(1+x^2)^{3/2}$ 을 미분하면 $\sqrt{1+x^2}$ 이 나오게 된다.

(2) $(1+x^2)^{3/2}$ 을 미분하면 $3/2\sqrt{1+x^2}(2x)$

(3) 이 결과와 적분 안의 함수를 비교하여 차이를 보정하면 된다. 만약, 3/2 항이 더 있으면 2/3으로 나누어 주면 된다. 즉, $2/3(1+x^2)^{3/2}$ 이다.

위의 치환(substitution)적분 방법을 정리하면 다음과 같다.

$$\begin{aligned}\int f(g(x))\cdot g'(x)dx &= \int f(u)du \quad (u=g(x), du=g'(x)dx \text{ 로 치환})\\ &= F(u)+c = F(g(x))+c\end{aligned}$$

예제

$\int \cos(7x+5)dx$ 을 구하자.

만약 $u=7x+5$ 라 놓으면 $du=d(7x+5)=7dx$ 이고, $\int \cos(7x+5)dx$ 는 $\int \cos u \frac{du}{7}$ 이다. 그러므로 $\int \cos u \frac{du}{7} = \frac{1}{7}\int \cos u du = \frac{1}{7}\sin u + c = \frac{1}{7}\sin(7x+5)+c$

예제

$\int (x^2+2x-3)^2(x+1)dx$ 을 구하자.

$$\begin{aligned}\int (x^2+2x-3)^2(x+1)dx &= \int u^2 \frac{1}{2}du \quad (u=(x^2+2x-3), du=(2x+2)dx \text{ 로 치환})\\ &= \frac{1}{6}u^3+c = \frac{1}{6}(x^2+2x-3)^3+c\end{aligned}$$

파이썬에서 부정적분하기

$$\int_0^1 (x^2+2x-3)^2(x+1)dx = \frac{x^6}{6} + x^5 + \frac{x^4}{2} - 14\frac{x^3}{3} - 3\frac{x^2}{2} + 9x + c$$

```
import sympy as sp
# 심볼 변수 x 정의
x = sp.symbols('x')
# 적분할 함수 정의
f = (x**2+2*x-3)**2*(x+1)
# 부정적분 계산
F = sp.integrate(f, x)
# 결과 출력
print(f"부정적분: {F}")
```

부정적분: x**6/6 + x**5 + x**4/2 - 14*x**3/3 - 3*x**2/2 + 9*x

연습문제

다음 함수의 부정적분을 구하자.

(1) $\int x\sin(2x^2)dx$

(2) $\int 28(7x-2)^3\,dx$

(3) $\int \frac{1}{(1-x)^2}dx$

(4) $\int r^4(7-r^5)^3\,dr$

(5) $\int 8x(x^2-1)^{1/3}\,dx$

(6) $\int \frac{1}{\sqrt{5t}}dt$

다음 함수의 정적분을 구하자.

(1) $\int_0^1 x^3(1+x^4)^3\,dx$

(2) $\int_0^1 y\sqrt{1-y^2}\,dy$

(3) $\int_0^{\sqrt{3}} \frac{4x}{\sqrt{x^2+1}}\,dx$

(4) $\int_1^4 \frac{dy}{2\sqrt{y}(1+\sqrt{y})^2}$

(5) $\int_0^1 \frac{x}{(1+x^2)^2}\,dx$

(6) $\int_0^1 \sqrt{s^5+2s}\,(5s^4+2)\,ds$

파이썬에서 정적분하기

$$\int_0^1 \frac{x}{(1+x^2)^2}\,dx$$

$u = 1 + x^2$이라 정의하면 $du = 2xdx$가 되고 $dx = \frac{du}{2x}$이다.

$x = \sqrt{u-1}$이고 x=0일 때 u=1, x=1일 때 u=2이다.

적분변환: $dx = \frac{du}{2\sqrt{u-1}}$

새로운 적분식: $\int_1^2 \frac{\sqrt{u-1}}{u^2}\frac{du}{2\sqrt{u-1}} = \frac{1}{2}\int_1^2 \frac{1}{u^2}du = \frac{1}{2}\left[-\frac{1}{u}\right]_1^2 = \frac{1}{4}$

```
import sympy as sp
# 심볼 변수 x 정의
x = sp.symbols('x')
# 함수 정의:
f = x/(1+x**2)**2
# 구간 (0, 1)에서 정적분 계산
integral_result = sp.integrate(f, (x, 0, 1))
# 결과 출력
print(f"구간 (0, 1)에서 정적분: {integral_result}")
```

다음에 대해 답하시오.

(1) 함수 f 가 연속일 때 $\int_0^1 f(x)dx = \int_0^1 f(1-x)dx$ 임을 보이시오.

(2) 만약 $\int_0^1 f(x)dx = 3$ 일 때 다음의 경우 $\int_{-1}^0 f(x)dx$ 을 구하자.

a) f 가 우함수(even function)

b) f 가 기함수(odd function)

(3) $\int_{-a}^{a} h(x)dx = \begin{cases} 0 & \text{h는 기함수} \\ 2\int_0^a h(x)dx & \text{h는 우함수} \end{cases}$ 임을 보이시오.

(4) 또한 $h(x) = \sin x$ (우함수), $h(x) = \cos x$ (기함수), 그리고 $a = \pi/2$ 라 하여 위의 결과를 보이시오.

4.4 적분기법

(1) $\int du = u + c$ 정의

(2) $\int kdu = ku + c$, k 는 상수 (상수항 곱)

(3) $\int (du \pm dv) = \int du \pm \int dv = u \pm v$ (합과 차)

(4) $\int u^n du = \frac{1}{n+1}u^{n+1} + c$ 단 $n = -1$ 이면 $\int \frac{1}{u}du = \ln|u| + c$ (승)

(5) 삼각함수

① $\int \cos u du = \sin u + c$

② $\int \sin u du = -\cos u + c$

③ $\int \sec^2 u du = \tan u + c$

④ $\int \csc^2 u du = -\cot u + c$

⑤ $\int \sec u \tan u du = \sec u + c$

⑥ $\int \csc u \cot u du = -\csc u + c$

(6) 지수함수

① $\int e^x dx = e^x + c$

② $\int a^x dx = \frac{1}{\ln a} a^x + c$

(참고) $f(x) = e^x \Rightarrow f' = e^x$, $f(x) = a^x \Rightarrow f' = a^x \ln a$

(7) 특별한 함수

① $\int \frac{1}{x} dx = \ln x (x > 0), \ln(-x)(x < 0)$

② $\int \frac{1}{1+u^2} du = \tan^{-1} u + c$

③ $\int \frac{1}{\sqrt{1-u^2}} du = \sin^{-1} u + c$

예제

$\int (3e^x + 3^x) dx$ 을 구하자.

$\int 3e^x dx + \int 3^x dx = 3e^x + \frac{1}{\ln 3} 3^x + c$

파이썬에서 부정적분하기

```
import sympy as sp
# 심볼 변수 x 정의
x = sp.symbols('x')
# 적분할 함수 정의
f = 3*sp.exp(x)+3**x
# 부정적분 계산
F = sp.integrate(f, x)
# 결과 출력
print(f"부정적분: {F}")
```

부정적분: 3**x/log(3) + 3*exp(x)

예제

$\int e^{(x^2)} x dx$ 을 구하자.

$u = x^2 \Rightarrow du = xdx$ 그러므로 $\int e^{(x^2)} xdx = \frac{1}{2}\int e^u du = \frac{1}{2}e^u + c = \frac{1}{2}e^{x^2} + c$

예제

$\int \frac{1}{x^2 + 2x + 2} dx$ 을 구하자.

$x^2 + 2x + 2 = (x+1)^2 + 1$ 이므로 가장 유사한 방법은 $\int \frac{1}{1+u^2} du = \tan^{-1} u + c$ 이다.

위와 같은 방법으로 $\int \frac{1}{x^2 + 2x + 2} dx = \int \frac{1}{1+u^2} du = \tan^{-1} u + c = \tan^{-1}(x+1) + c$

4.5 부분적분

이 공식은 $d(uv) = udv + vdu$ 에서 양변을 적분하면 얻게 된다.

$$\int d(uv) = \int udv + \int vdu \Rightarrow \int udv = uv - \int vdu$$

예제

$\int x \cos x dx$ 을 구하자.

$u = x$, $dv = \cos x dx$ 라 하자. → 그러면 $du = dx$, $\int dv = \int \cos x dx \Rightarrow v = \sin x$

$\int x \cos x dx = x \sin x - \int \sin x dx = x \sin x + \cos x + c$ (이용 $\int udv = uv - \int vdu$)

예제

$\int \ln x dx$을 구하자.

$u = \ln x$, $dv = dx$ 라 하자.

그러면 $du = \frac{1}{x}dx$ (*), $\int dv = \int dx \Rightarrow v = x$

$\int \ln x dx = x \ln x - \int x \frac{1}{x} dx = x \ln x - x + c$ (이용 $\int udv = uv - \int vdu$)

파이썬에서 부정적분하기

```
import sympy as sp
# 심볼 변수 x 정의
x = sp.symbols('x')
# 적분할 함수 정의
f =sp.log(x)
# 부정적분 계산
F = sp.integrate(f, x)
# 결과 출력
print(f"부정적분: {F}")
```

부정적분: x*log(x) - x

예제

$\int_a^b x^2 e^x dx$ 을 구하자[연속 사용].

$u = x^2$, $dv = e^x dx$ 라 하자. 그러면 $du = 2xdx$, $\int dv = \int e^x dx \Rightarrow v = e^x$

$\int x^2 e^x dx = x^2 e^x - \int 2xe^x dx$ (이용 $\int udv = uv - \int vdu$)

한번 더 $u = x$, $dv = e^x dx$ 라 하자. 그러면 $du = dx$, $\int dv = \int e^x dx \Rightarrow v = e^x$

$\int 2xe^x dx = 2\int xe^x dx = 2[xe^x - \int e^x dx] = 2(xe^x - e^x)$ (이용 $\int udv = uv - \int vdu$)

그러므로 $\int x^2 e^x dx = x^2 e^x - \int_a^b 2xe^x dx = x^2 e^x - 2xe^x + 2e^x]_a^b$

위와 같이 $\int f(x)g(x)dx$ 의 형태이면서 $f(x)$ 는 계속 미분하면 0이 되고, $g(x)$ 는 적분하는 데 어려움이 없다면 Tabular integration (표 적분)을 이용하면 편리하다.

$f(x)=x^2$ $f(x)$ 와 그 미분		$g(x)=e^x$ $g(x)$ 와 그 적분
x^2	① +	e^x
$2x$	② -	e^x
2	③ +	e^x
0		e^x

미분한 값이 0일 될 때까지 미분 열은 계속 미분하고, 적분 열은 계속 적분한다. 어느 항을 미분 혹은 적분으로 놓을 것인가는 미분할 경우 차수가 작아져 마침내 0이 되는 항을 하게 된다. 그러므로 일반적으로 x^k 항을 미분으로 e^x 와 같이 적분하면 동일 형태가 반복되는 항을 적분 열에 둔다.

미분 항이 0이 될 때까지 미분 열은 미분, 적분 열은 적분한다. 그런 후 미분 항에 하나 아래 적분 항을 곱하고 부호를 +, − 번갈아 합하는 과정을 거치게 된다. 즉 ①, ②, ③ 순으로 곱하여 번호 옆의 부호를 붙이면 다음과 같다.

$$\int_a^b x^2 e^x dx = x^2 e^x - 2xe^x + 2e^x \Big]_a^b$$

만약 미분을 한 번만 한다면 순서 ②는 아래 오른쪽이 없으므로 대응 적분 항을 곱하고 적분을 하면 된다. 즉 다음과 같다.

$$\int_a^b x^2 e^x dx = x^2 e^x - \int_a^b 2xe^x dx$$

이에 대한 이해를 돕기 위하여 $\int_0^\infty xe^{-x}dx$ 을 구해보자.

$f(x)=x$ $f(x)$ 와 그 미분		$g(x)=e^x$ $g(x)$ 와 그 적분
x	① +	e^{-x}
1	② -	$-e^{-x}$
0		e^{-x}

(방법 1) $\int_0^\infty xe^{-x}dx = (1)-(2)]_0^\infty = x(-e^{-x}) - e^{-x}]_0^\infty = 0-(-1) = 1$

(방법 2) $\int_0^\infty xe^{-x}dx = (1)]_0^\infty - \int (2)dx = x(-e^{-x})]_0^\infty - \int_0^\infty (-e^{-x})dx$

$$= 0 - \int_0^\infty (-e^{-x})dx = e^{-x}]_0^\infty = 1$$

파이썬에서 부정적분하기

```
import sympy as sp
import numpy as np
# 심볼 변수 x 정의
x = sp.symbols('x')
# 함수 정의:
f = x*sp.exp(-x)
# 구간 (1,2)에서 정적분 계산
integral_result = sp.integrate(f, (x, 0,np.inf))
# 결과 출력
print(f"구간 (0,infinity)에서 정적분: {integral_result}")
```

구간 (0,inf)에서 정적분: 1

예제

$\int x^3 \sin x dx$ 을 구하자(표 적분 여러 번 사용 가능).

$f(x) = x^3$ **$f(x)$ 와 그 미분**		$g(x) = \sin x$ **$g(x)$ 와 그 적분**
x^3	① +	$\sin x$
$3x^2$	② −	$-\cos x$
$6x$	③ +	$-\sin x$
6	④ −	$\cos x$
0		$\sin x$

$$\int x^3 \sin x dx = (1) - (2) + (3) - (4) + c = -x^3 \cos x + 3x^2 \sin x + 6x \cos x - 6\sin x + c$$

(sin(x), cos(x)는 동일하지는 않지만 순환 반복되므로 적분 열에 사용)

예제

$\int \ln x dx$ 을 구하자(표 적분 이용).

$\ln x$ 을 적분할 수 없다. 그렇다면 1과 $\ln x$ 을 두 개의 항의 곱으로 생각하여 부분적분을 적용한다.

$f(x)=1$ $f(x)$ 와 그 미분		$g(x)=\ln(x)$ $g(x)$ 와 그 적분
$\ln x$	① +	1
$1/x$	② −	x

대각선 아래로 가지 못하는 경우에는 화살표는 수평으로 하고 그 항을 적분하면 된다. 즉 위의 경우 적분 결과는 $(1)-\int(2)dx+c=\ln x \times x-\int 1dx=x\ln x-x+c$ 이다(이전과 동일).

연습문제

다음 함수의 적분을 구하자.

(1) $\int_0^1 x\sin x dx$

(2) $\int_1^2 x^2 \ln x dx$

(3) $\int_0^1 x^3 e^x dx$

(4) $\int_0^1 x^2 e^{2x} dx$

(5) 감마함수 $\Gamma(n)=\int_0^\infty y^{n-1}e^{-y}dy=(n-1)!$ 임을 보이시오(단 n은 정수).

4.6 적분 응용

4.6.1 확률변수와 확률분포함수

•• 표본공간(sample space)

실험이나 측정 조사에서 발생 가능한 모든 결과(각 결과는 원소: element)들의 모임을 표본공간이라 정의한다.

예제

제품 수명을 측정하는 실험에서 표본공간은?

$S = \{x : 0 \leq\}$, $x =$ 전구 수명

•• 확률변수(random variable)

표본공간의 각 결과(원소)에 실수값을 대응시키는 규칙(함수)을 (확률) 변수라 한다. 즉 표본공간이 S인 확률 실험에서 각 표본공간 원소에 오직 하나의 실수값을 대응하는 함수 X를 확률변수 혹은 변수라 한다. 기호로는 $X(s) = x$ 이다.

예제

제품의 수명을 측정하는 실험에서 표본공간은 실수이므로 확률변수 X를 제품의 수명이라 하면 측정된 수명이 X의 값이 된다. 제품의 수명을 조사하였더니 (1000, 580, 940, …) 이었다면 ($x_1 = 1000, x_2 = 580, x_3 = 940, \ldots$)이 된다.

•• 이산형 확률변수와 연속형 확률변수

표본공간이 셀 수 있는 경우(finite) 정의된 확률변수를 이산형, 셀 수 없는 경우(infinite) 정의된 확률변수를 연속형 확률변수라 한다. 불량 개수, 교통사고 발생 수, 주사위 눈금은 이산형 확률변수이고 제품 수명, 강수량, 정격 전압 등은 연속형 확률변수이다. 이상형과 연속형에 대한 다른 정의로는 임의의 구간을 설정하여도 구간 내의 값이 측정 될 수 있으면 연속형, 그렇지 않으면 이산형이라 한다.

확률분포(확률밀도함수)

확률변수가 가질 수 있는 값들을 정의역, 각 값들의 확률을 치역으로 한 함수를 (확률)분포함수(density function) 혹은 확률밀도함수(probability density function)라 하고 $f(x)$ (이산형 변수일 경우는 $p(x)$를 사용하기도 한다)로 나타낸다. 확률분포함수 조건은 다음과 같다.

(1) 확률변수 X의 임의의 값 x의 확률값은 0 이상이다. $f(x) \geq 0$ or $p(x) \geq 0$

(2) 확률변수 X의 모든 값 x의 확률을 더하면 1이다. $\int f(x)dx = 1$ or $\sum p(x) = 1$

분포함수와 확률계산

(확률)변수 X의 확률밀도함수를 $f(x)$ 라 하자. 이에 대해 구간 $[a,b]$의 확률 $P(a \leq X \leq b)$과 분포함수 $F(x)$는 다음과 같이 정의한다.

(1) $P(a \leq X \leq b) = \int_a^b f(x)dx$

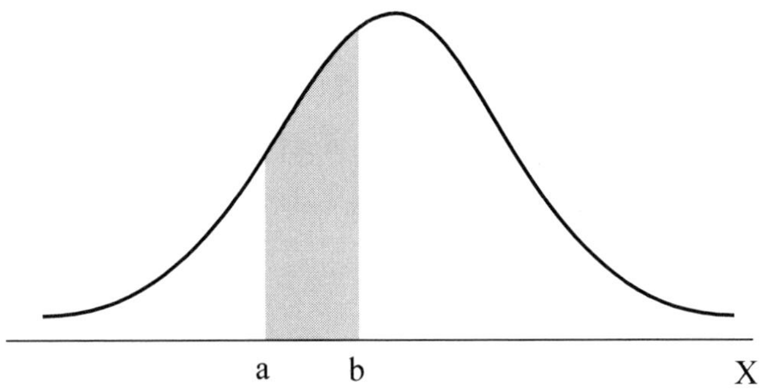

(2) $F(x) = P(X \leq x) = \int_{-\infty}^{x} f(x)dx$

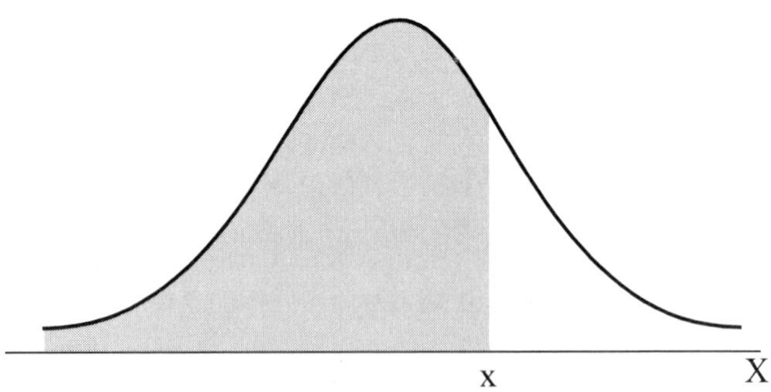

위로부터 $P(a < X \leq b) = F(b) - F(a)$ 임을 알 수 있다.

4.6.2 기대값

확률분포에서 매우 중요한 개념의 하나인 (수학적) 기대값(expected value)에 대해 예제를 통해 먼저 알아보자.

예제

주사위 한 번 던지는 게임에서 A = {1, 2, 3}이 나오면 100원, B = {4, 5}가 나오면 500(원), C = {6}가 나오면 3,500원을 받는다고 하자. 한 게임 참가비가 1,000원일 때 게임에 참여하겠는가?

의사 결정에 중요한 것은 평균적으로(on average) 얼마 받을 수 있는가 하는 것이다. 다음 계산에 의하면 게임을 하는 사람은 평균적으로 800원을 얻을 수 있으므로 손해 보는 게임이다.

$$100*3/6+500*2/6+3500*1/6=800$$

이산형 확률변수 X의 기대값은 $E(X)=\sum_{x\subset S} xp(x)$이고 연속형 확률변수 X의 기대값은 $E(X)=\int xp(x)dx$으로 정의한다.

예제

주사위 던지는 게임에서 주사위 눈금을 X라 할 때 기대값을 구하자. 다른 말로 표현하면 주사위의 기대 눈금은?

$$E(X)=\sum_{x\subset A} xP(x)=1*\frac{1}{6}+2*\frac{1}{6}+3*\frac{1}{6}+4*\frac{1}{6}+5*\frac{1}{6}+6*\frac{1}{6}=3.5$$

X의 함수 $u(x)$ 의 기대값은

$$E(u(X))=\sum_{x\subset A} u(x)P(x) \text{ (연속형 } E(u(x))=\int u(x)f(x)dx \text{)}$$

으로 정의된다. 만약 $u(X)=(X-E(X))^2$ 인 경우 기대값을 분산(variance)이라 하며, 분산은 확률변수분포의 흩어진 정도를 나타내는 수치(관측값이 얼마나 변동이 큰가?)이다. 분포가 넓게 퍼져 있을수록 분산이 커진다.

이산형 확률 변수의 분산: $V(X)=E(X-E(X))^2=\sum(X-E(X))^2 p(x)$

연속형 확률 변수의 분산: $V(X)=E(X-E(X))^2=\int(x-E(X))^2 f(x)dx$

분산을 구하는 간편 식: $V(X)=E(X^2)-E(X)^2$

예제

확률변수 X 의 확률밀도함수가 $f(x)=\begin{cases} c(2-x), & 0\le x\le 2 \\ 0, & \text{otherwise} \end{cases}$ 이다.

(1) 상수 c 를 구하자.

확률밀도함수의 조건을 만족하려면

① $f(x)=c(2-x)>0,\ \ 0\le x\le 2$ 그러므로 $c>0$ 이어야 한다.

② $\int_0^2 c(2-x)dx=1 \rightarrow c\left(2x-\frac{x^2}{2}\right)\Big]_0^2=c[2-0]=1$

그러므로 $c=\frac{1}{2} \rightarrow f(x)=1-x/2,\ \ 0\le x\le 2$

(2) 분포함수 $F(x)$를 구하자.

$$F(x)=\int_0^x 1-\frac{t}{2}dt=t-\frac{t^2}{4}\Big]_0^x=x-\frac{x^2}{4},\ \ 0\le x\le 2$$

(3) $P(1<Y\le 2)$를 구하자.

$$P(1\le Y\le 2)=\int_1^2 1-\frac{t}{2}dt=t-\frac{t^2}{4}\Big]_1^2=1-\frac{3}{4}=\frac{1}{4}$$

$$P(1\le Y\le 2)=F(2)-F(1)=\left(2-\frac{2^2}{4}\right)-\left(1-\frac{1^2}{4}\right)=\frac{1}{4}$$

(4) $E(X)$ 와 $V(X)$를 구하자.

$$E(X)=\int xf(x)dx=\int_0^2 x\left(1-\frac{x}{2}\right)dx=\left[\frac{x^2}{2}-\frac{x^3}{6}\right]_0^2=\frac{2}{3}$$

$$E(X^2)=\int x^2 f(x)dx=\int_0^2 x^2\left(1-\frac{x}{2}\right)dx=\left[\frac{x^3}{3}-\frac{x^4}{8}\right]_0^2=\frac{2}{3}$$

$$V(X)=E(X^2)-E(X)^2=\frac{2}{3}-\left(\frac{2}{3}\right)^2=\frac{2}{9}$$

연습문제

확률변수 X 의 확률밀도함수가 $f(x)=\begin{cases} cx^2+x, & 0\le x\le 1 \\ 0, & \text{otherwise} \end{cases}$ 이다.

(1) 상수 c 를 구하자.

(2) 분포함수 $F(x)$ 를 구하자.

(3) $P(0<X\le 1/2)$ 를 구하자.

(4) $P(X>1/2\mid X>0.1)$ 를 구하자.

(5) $E(X)$ 와 $V(X)$ 를 구하자.

연습문제

확률변수 X 의 확률밀도함수가 $f(x)=\begin{cases} cx^2, & 0\le x\le 2 \\ 0, & \text{otherwise} \end{cases}$ 이다.

(1) 상수 c 를 구하자.

(2) 분포함수 $F(x)$ 를 구하자.

(3) $P(1<X\le 2)$ 를 구하자.

연습문제

확률변수 X 의 분포함수가 $F(x)=\begin{cases} 0, & x\le 0 \\ x/8, & 0<x<2 \\ x^2/16, & 2\le x<4 \\ 1, & 4\le x \end{cases}$ 이다.

(1) 확률밀도함수를 구하자.

(2) 확률 $P(1.5<X)$ 을 구하자.

(3) 조건부 확률 $P(X\ge 1\mid X\le 3)$ 을 구하자.

연습문제

연속형 확률변수 X 에 대해 $E(X)=\mu$, $V(X)=\sigma^2$ 이다. 기대값의 정의를 이용하여 $Y=aX+b$ (a,b 는 상수)의 기대값과 분산이 각각 $E(Y)=a\mu+b$, $V(X)=a^2\sigma^2$ 임을 보이시오.

4.6.3 지수분포

확률변수 X(전구 수명, 기다리는 시간)가 모수가 θ(모집단의 특성값이며 이 값을 알면 $f(x)$ 그래프를 그릴 수 있음)인 지수분포를 따른다고 하면 ($X \sim Exp(\theta)$) 확률분포함수는 다음과 같다.

$$f(x)=\frac{1}{\theta}e^{-\frac{x}{\theta}},\ 0<x,\ 0<\theta$$

예제

$f(x)=\frac{1}{\theta}e^{-\frac{x}{\theta}}$ 가 확률밀도함수임을 보이시오.

(1) $0<x$ 이면 $f(x)=\frac{1}{\theta}e^{-\frac{x}{\theta}}=\frac{1}{\theta}\frac{1}{e^{\frac{x}{\theta}}}>0$.

(2) $\int_0^\infty f(x)dx=\int_0^\infty \frac{1}{\theta}e^{-\frac{x}{\theta}}dx=-e^{-\frac{x}{\theta}}]_0^\infty=0-(-1)=1$.

예제

$f(x)=\frac{1}{\theta}e^{-\frac{x}{\theta}}$ 의 확률분포함수를 구하자.

$$F(x)=\int_0^x \frac{1}{\theta}e^{-\frac{x}{\theta}}dx=-e^{-\frac{x}{\theta}}]_0^x=1-e^{-\frac{x}{\theta}}.$$

예제

$X \sim Exp(\theta)$ 인 경우 $E(X)=\theta$ 임을 보이시오.

$$E(X)=\int_0^\infty xf(x)dx=\int_0^\infty x\frac{1}{\theta}e^{-\frac{x}{\theta}}dx$$

[방법 1] 부분적분 이용: $\int udv = uv - \int vdu$

$u=x$, $dv=\frac{1}{\theta}e^{-\frac{x}{\theta}}dx$ 라 하면 $du=dx$

$$\int dv=\int\frac{1}{\theta}e^{-\frac{x}{\theta}}dx \Rightarrow v=-e^{-\frac{x}{\theta}}$$

$$E(X)=\int_0^\infty x\frac{1}{\theta}e^{-\frac{x}{\theta}}dx=x(-e^{-\frac{x}{\theta}})]_0^\infty-\int_0^\infty -e^{-\frac{x}{\theta}}dx=\int_0^\infty e^{-\frac{x}{\theta}}dx=\theta e^{-\frac{x}{\theta}}]_0^\infty=\theta$$

[방법 2] 표 적분 이용하기

$f(x)=x$, **$f(x)$ 와 그 미분**		$g(x)=\frac{1}{\theta}e^{-x/\theta}$ **$g(x)$ 와 그 적분**
x	① +	$\frac{1}{\theta}e^{-x/\theta}$
1	② -	$-e^{-x/\theta}$
0		$\theta e^{-x/\theta}$

$$\int x\frac{1}{\theta}e^{-\frac{x}{\theta}}dx=-xe^{-x/\theta}-\theta e^{-x/\theta}$$

$$E(X)=\int_0^\infty x\frac{1}{\theta}e^{-\frac{x}{\theta}}dx=[-xe^{-x/\theta}-\theta e^{-x/\theta}]_0^\infty=\theta$$

연습문제

$X \sim Exp(\theta)$ 일 경우 $V(X)$ 을 구하자. $V(X)=E(X^2)-E(X)^2$ 을 이용하자. $E(X)=\theta$ 임을 알고 있으므로 $E(X^2)$을 구하면 된다.

표 적분을 이용하여 $E(X^2)=\int_0^\infty x^2 f(x)dx=2\theta^2$ 임을 보이시오.

연습문제

감마 함수 $\Gamma(n)=\int_0^\infty y^{n-1}e^{-x}dy=(n-1)\Gamma(n-1)$ 임을 보이시오.
$u=y^{n-1}$, $dv=e^{-y}dy$ 라 놓고 부분적분하시오.

4.6.4 감마 분포함수

감마 함수 $\Gamma(\alpha)=\int_0^\infty y^{\alpha-1}e^{-y}dy$ 에서 $x=\theta y$ 라고 치환하면 $dx=\theta dy$, $x=0\Rightarrow y=0$, $x=\infty\Rightarrow y=\infty$ 이므로 $\Gamma(\alpha)=\int_0^\infty\left(\frac{x}{\theta}\right)^{\alpha-1}e^{-x/\theta}\left(\frac{1}{\theta}\right)dx$ 이다.

양변에 $\alpha=1$을 대입하면 $1=\int_0^\infty\frac{1}{\Gamma(\alpha)\theta^\alpha}x^{\alpha-1}e^{-x/\theta}dx$ 이다.

이로부터 $f(x)=\frac{1}{\Gamma(\alpha)\theta^\alpha}x^{\alpha-1}e^{-x/\theta},\ 0\le x\le\infty$ 을 확률밀도함수로 사용할 수 있을 것이다. 이런 형태의 확률밀도함수를 갖는 확률변수 X는 (α,θ) 인 감마 분포함수를 따른다고 한다. $X\sim Gamma(\alpha,\theta)$, $\alpha=1$ 인 $Gamma(\alpha=1,\theta)$는 모수가 θ 인 지수분포($Exp(\theta)$)이다. 감마 분포는 서로 독립인 지수분포의 합으로 나타낼 수 있다. $X_i\overset{iid}{\sim}Exp(\theta)$ 이면 $\sum_{i=1}^{\alpha}X_i\sim Gamma(\alpha,\theta)$ 이다. 예를 들어 평균 수명이 1000시간인 지수분포($Exp(\theta=1000)$)를 따르는 전구 세 개($\alpha=3$)가 있다고 하자. 첫 전구를 사용하다 고장나면 다음 전구를 사용한다고 하자. 전구 세 개가 모두 고장날 때까지 걸리는 시간을 확률변수 X라 하면 $X\sim Gamma(\alpha=3,\theta=1000)$ 인 분포를 따른다.

Gamma 확률분포함수의 평균 구하기

모수 (α,θ) 인 감마 분포의 평균은

$$E(X)=\int_0^\infty x\frac{1}{\Gamma(\alpha)\theta^\alpha}x^{\alpha-1}e^{-x/\theta}dx=\int_0^\infty\frac{1}{\Gamma(\alpha)\theta^\alpha}x^{\alpha}e^{-x/\theta}dx$$

이다. $\frac{1}{\Gamma(\alpha)\theta^\alpha}\int_0^\infty x^\alpha e^{-x/\theta}dx$ 에서 부분적분을 이용하자.

$u=x^\alpha, dv=e^{-x/\theta}$ 라 하면 $du=\alpha x^{\alpha-1}dx, v=\int e^{-x/\theta}dx=-\beta e^{-x/\theta}$

$$\frac{1}{\Gamma(\alpha)\theta^{\alpha}}\int_0^{\infty} x^{\alpha}e^{-x/\theta}dx$$

$$=\frac{1}{\Gamma(\alpha)\theta^{\alpha}}\{[x^{\alpha}(-e^{-x/\theta})|_0^{\infty}-\int_0^{\infty}\alpha x^{\alpha-1}(-\theta e^{-x/\theta})dx]\}$$

$$=\frac{1}{\Gamma(\alpha)\theta^{\alpha}}[0+\int_0^{\infty}\alpha x^{\alpha-1}(\theta e^{-x/\theta})dx]=\frac{1}{\Gamma(\alpha)\theta^{\alpha}}\int_0^{\infty}\alpha x^{\alpha-1}(\theta e^{-x/\theta})dx$$

$$=\alpha\theta\int_0^{\infty}\frac{1}{\Gamma(\alpha)\theta^{\alpha}}x^{\alpha-1}e^{-x/\theta})dx=\alpha\theta$$

(표 적분 이용)

$f(x)=x^{\alpha}$, **미분**		$g(x)=e^{-x/\theta}$, **적분**
x^{α}	(1) +	$e^{-x/\theta}$
$\alpha x^{\alpha-1}$	(2) −	$-\theta e^{-x/\theta}$

$$\frac{1}{\Gamma(\alpha)\theta^{\alpha}}\int_0^{\infty} x^{\alpha}e^{-x/\theta}dx=\frac{1}{\Gamma(\alpha)\theta^{\alpha}}(1)]_0^{\infty}-\frac{1}{\Gamma(\alpha)\theta^{\alpha}}\int_0^{\infty}(2)dx$$

$$=\frac{1}{\Gamma(\alpha)\theta^{\alpha}}x^{\alpha}(-\theta e^{-x/\theta})]_0^{\infty}-\frac{1}{\Gamma(\alpha)\theta^{\alpha}}\int_0^{\infty}\alpha x^{\alpha-1}-\theta e^{-x/\theta}dx$$

$$=0+\alpha\theta\int_0^{\infty}\frac{1}{\Gamma(\alpha)\theta^{\alpha}}x^{\alpha-1}e^{-x/\theta}dx=\alpha\theta$$

연습문제

$X_i \overset{iid}{\sim} Exp(\theta)$이면 $\sum_{i=1}^{\alpha} X_i \sim Gamma(\alpha,\theta)$임을 이용하여 $X \sim Gamma(\alpha,\theta)$인 확률변수에 대해 $E(X)$, $V(X)$을 구하자.

[참고] $\int x^2e^xdx$ 을 구하자.

$u=x^2$, $dv=e^xdx$ 라 하자. 그러면 $du=2xdx$, $\int dv=\int e^xdx \Rightarrow v=e^x$

$$\int x^2e^xdx = x^2e^x-\int 2xe^xdx \quad (\text{이용 } \int udv=uv-\int vdu)$$

한번 더 $u=x$, $dv=e^xdx$ 라 하자. 그러면 $du=dx$, $\int dv=\int e^xdx \Rightarrow v=e^x$

$$\int 2xe^x dx = 2\int xe^x dx = 2[xe^x - \int e^x dx] = 2(xe^x - e^x)$$ (이용 $\int udv = uv - \int vdu$)

그러므로 $\int x^2e^x dx = x^2e^x - \int 2xe^x dx =$ $x^2e^x - 2xe^x + 2e^x + c$]이다.

위와 같이 $\int f(x)g(x)dx$ 의 형태이면서 $f(x)$ 는 계속 미분하면 0이 되고, $g(x)$ 는 적분하는 데 어려움이 없다면 Tabular integration을 이용하면 편리하다.

$$f(x) = x^2, \quad g(x) = e^x$$

$f(x)$ 와 그 미분		$g(x)$ 와 그 적분
x^2	+	e^x
$2x$	−	e^x
2	+	e^x
0		e^x

$$\int x^2e^x dx = x^2e^x - 2xe^x + 2e^x$$

연습문제

1 다음 정적분을 구하자.

(1) $\int_{1}^{2}\left(t-\frac{1}{t}\right)\left(t+\frac{1}{t}\right)dt$

(2) $\int_{0}^{1}(t-1)^2\,dt$

(3) $\int_{1}^{32}x^{-6/5}dx$

(4) $\int_{1}^{\sqrt{2}}\frac{x^2+\sqrt{x}}{x^2}dx$

(5) $\int_{1/2}^{1}\left(\frac{1}{x^3}-\frac{1}{x^4}\right)dx$

2 다음 정적분을 구하자.

(1) $\int_{1}^{3}\sqrt{x+1}dx$

(2) $\int_{0}^{1}t\sqrt{1-t^2}\,dt$

(3) $\int_{0}^{\sqrt{7}}x(x^2+1)^{1/3}dx$

(4) $\int_{0}^{1}\frac{x}{(1+x^2)^2}dx$

(5) $\int_{0}^{1}\sqrt{x^5+2x}(5x^4+2)dx$

3 다음 식을 만족하는 상수 c를 구하자.

(1) $\int_{0}^{2}c(2-x)dx=1$

(2) $\int_{0}^{1}(cx^2+x)dx=1$

4 **다음의 적분값을 구하자(정적분).**

(1) $\int_0^1 \frac{1}{\sqrt{x}}dx =$

(2) $\int_2^\infty \frac{1}{\sqrt{x-1}}dx =$

(3) $\int_0^4 \frac{1}{\sqrt{4-x}}dx =$

(4) $\int_1^4 \sqrt{x}(1+x)dx =$

(5) $\int_0^\infty xe^{-x/3}dx =$

(6) $\int_0^1 (x^2-5)e^x dx =$

5 **상수 c를 구하자.**

(1) $\int_0^\infty ce^{-x/5}dx = 1$

(2) $\int_0^\infty cxe^{-4x}dx = 1$

6 **상수 c를 구하자.**

$f(x) = \begin{cases} 0.5 & , \ -1 < x \le 0 \\ 0.5 + cx & , \ 0 < x < 2 \end{cases}$ 이 확률밀도함수이라면 상수 c 를 구하자.

즉 $\int_{-1}^0 0.5dx + \int_0^2 (0.5+cx)dx = 1$ 을 만족하는 상수 c 를 구하자.

7 **확률밀도함수, 상수 c 구하기**

(1) $f(x) = c/x^{4/3}, 0 < x < 1$ 는 확률밀도함수이다. 상수 c를 구하자.

(2) $f(x) = xe^{-x}, 0 < x < c$ 는 확률밀도함수이다. 상수 c를 구하자.

8 기대값(평균), 중앙값 구하기

(정의) 확률변수 x의 확률밀도함수가 $f(x)$ 인 경우 기대값(평균) $E(X)$ 은 다음과 같이 정의한다.

(기대값) $E(X) = \int xf(x)dx$

(정의) 확률변수 x의 확률밀도함수가 $f(x)$ 인 경우 $\int_{-\infty}^{m} f(x)dx = 0.5$ 을 만족하는 m 을 중앙값(median)이라 한다.

(문제) 확률분포함수가 $F(x) = 1 - \frac{2}{3}e^{-x}, x > 0$ 인 경우 ($f(x) = F'(x)$)

(1) 기대값(평균) $E(X)$ 을 구하자.

(2) 중앙값 m 을 구하자.

9 확률밀도함수

$f(x) = \begin{cases} x+1, & -1 < x \le 0 \\ 1-x, & 0 < x < 1 \end{cases}$ 는 확률밀도함수이다.

(1) 확률분포함수 $F(x) = \int f(x)dx$ 을 구하자.

(2) $P(-0.5 \le X \le 0.5)$ 을 구하자.

(3) 확률 $P(X > 0.5 \mid X > -0.5)$ 을 구하자.

10 확률분포함수

$F(x) = \begin{cases} x^2/4, & 0 < x \le 1 \\ \frac{x+1}{4}, & 1 < x < 2 \end{cases}$ 는 확률분포함수이다.

(1) 확률밀도함수 $f(x) = F'(x)$ 을 구하자.

(2) $P(0.5 \le X \le 1.5)$ 을 구하자.

(3) 확률 $P(X > 0.7 \mid X < 1.5)$ 을 구하자.

11 **확률밀도함수**

다음은 $f(x) = \begin{cases} x, & 0 < x \le 1 \\ 2 - y, & 1 < x < 2 \end{cases}$ 는 확률밀도함수이다.

(1) 확률분포함수임을 보이시오.

(2) 확률분포함수 $F(x) = \int f(x)dx$ 을 구하자.

(3) 확률분포함수 $F(x)$ 이용하여 $P(0.8 \le X \le 1.2)$ 을 구하자.

(4) 확률 $P(0.5 > X \mid X > 1.2)$ 을 구하자.

12 **확률밀도함수**

다음은 $f(x) = \begin{cases} 0.2, & -1 < x \le 0 \\ 0.2 - cx, & 0 < x < 1 \end{cases}$ 는 확률밀도함수이다.

(1) 확률분포함수이기 위한 상수 c 를 구하자.

(2) 확률분포함수 $F(x) = \int f(x)dx$ 을 구하자.

(3) $F(x)$ 이용하여 $P(0 \le X \le 0.5)$ 을 구하자.

(4) 확률 $P(0.5 > X \mid X > 0.1)$ 을 구하자.

13 **확률분포함수**

다음은 $F(x) = \begin{cases} x/8, & 0 < x \le 2 \\ x^2/16, & 0 < x < 1 \end{cases}$ 는 확률분포함수이다.

(1) 확률밀도함수 $f(x) = F'(x)$ 을 구하자.

(2) $P(1 \le X \le 3)$ 을 구하자.

(3) 확률 $P(X > 1 \mid X < 3)$ 을 구하자.

14 **확률밀도함수**

(1) $f(x) = (3/16)x^2, -c \le x \le c$ 상수 c 를 구하자.

(2) $f(x) = c\sqrt{x}, 0 \le x \le 4$ 상수 c 를 구하자.

Chapter **05**

행렬

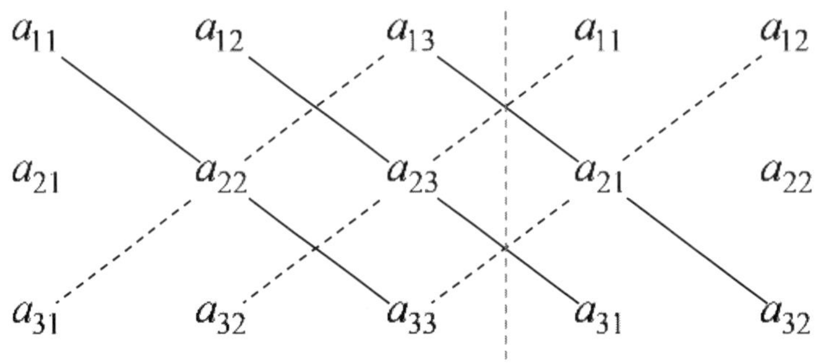

행과 열로 이루어진 정사각형 숫자 모임을 행렬이라 한다. 본 장에서는 행렬의 사칙 연산과 통계학 적용을 살펴보기로 한다.

5.1 정의

차수가 $n \times p$ 인 행렬 $X_{n \times p}$ (matrix X of order $n \times p$)라 부른다. i 는 행을, j 는 열을 나타내며 행렬의 간편 기호는 $X_{n \times p} = \{x_{ij}\}$ 이다. x_{ij} 을 원소(element)라 한다.

$$X_{n \times p} = \begin{bmatrix} x_{11}\ x_{12} \cdots x_{1p} \\ x_{21}\ x_{22} \cdots x_{2p} \\ \cdots\cdots\cdots x_{ij} \cdots\cdots \\ x_{n1}\ x_{n2} \cdots x_{np} \end{bmatrix}$$

열의 차수가 1인 행렬을 열 벡터(column vector), 행의 차수가 1인 행렬을 행 벡터(row vector)라 한다. 일반적으로 벡터라 함은 열 벡터를 의미한다. 벡터의 기호는 열 벡터 $\underline{x}$, 행 벡터 $\underline{x}'$ 로 표시한다.

차수가 p 인 열 벡터 $\underset{\sim}{x} = \begin{bmatrix} x_1 \\ x_2 \\ \cdots \\ x_p \end{bmatrix}$, 차수가 q 인 행 벡터 $\underset{\sim}{x}_{1\times p} = \begin{bmatrix} x_1 & x_2 & \ldots x_p \end{bmatrix}$

행과 열의 차수 모두가 1인 행렬을 스칼라(scalar)라 한다. 즉 −2, 3, 1.9, … 모든 실수는 행렬에서는 스칼라이다.

5.2 특수한 행렬

5.2.1 정방행렬

행과 열의 차수가 같은 행렬(즉, $n = p$)을 정방행렬(square matrix)이라 한다.

Example 차수 3인 정방행렬의 예 $A_{3\times 3} = \begin{bmatrix} 2 & 3 & 2 \\ 4 & 2 & 3 \\ 2 & 1 & 1 \end{bmatrix}$

파이썬 활용하기

```
import numpy as np
# 리스트를 사용하여 행렬 생성
matrix_a = np.array([[2,3,2], [4, 2, 3], [2, 1, 1]])
print("행렬 A: 차수 셀의 개수")
print(matrix_a, matrix_a.shape, matrix_a.size)
```

```
행렬 A: 차수
[[2 3 2]
 [4 2 3]
 [2 1 1]] (3, 3) 9
```

행렬 차수 3×3, 열 차수, 행 차수 모두 3이고 셀 개수는 9이다.

5.2.2 대각행렬

정방행렬에서 대각선에 위치한 원소를 대각원소(diagonal element)라 하며, 대각원소를 제외한 모든 원소가 0 인 행렬을 대각행렬(diagonal matrix)이라 한다. 대각행렬은 정방행렬의 특수한 형태이다.

Example 차수가 4인 대각행렬의 예 $D_{4\times4} = \begin{bmatrix} 1 & 0 & 0 & 0 \\ 0 & -1 & 0 & 0 \\ 0 & 0 & 0 & 0 \\ 0 & 0 & 0 & 2 \end{bmatrix}$

파이썬 활용하기

```
import numpy as np
# 대각 행렬 생성
diagonal_matrix = np.diag([1, -1, 0, 2])
# 결과 출력
print("대각 행렬:")
print(diagonal_matrix)
```

```
대각 행렬:
[[1 0 0 0]
 [0 -1 0 0]
 [0 0 0 0]
 [0 0 0 2]]
```

•• 대각합

정방행렬의 대각 원소의 합을 대각합(trace)이라 하고 $tr(A) = \sum_{i=1}^{n} A_{ii}$ 로 정의한다.

Example 정방행렬 예제의 행렬 A 의 대각합은 $tr(A) = 2 + 2 + 1 = 5$ 이고, 대각행렬 예제의 행렬 D 의 대각합은 $tr(D) = 1 - 1 + 0 + 2 = 2$ 이다.

파이썬 활용하기

```
import numpy as np
# 대각합 계산
print('trace(A)=',np.trace(matrix_a),'trace(D)=',np.trace(diagonal_matrix))
```

```
trace(A)= 5 trace(D)= 2
```

5.2.3 항등행렬

정방행렬 중 대각 원소가 모두 1이고 다른 원소는 모두 0인 행렬을 항등행렬(identity matrix)라 하고 I_n 라 표시한다. 항등행렬은 선형대수(linear algebra)의 곱에서 1의 역할과 동일하다. 행렬대수(matrix algebra)의 역수의 개념은 역행렬(inverse matrix)이며 정방행렬 A에 대해 $AA^{-1} = A^{-1}A = I$ 가 성립하는 A^{-1} 을 역행렬이라 한다.

Example 차수가 3인 항등행렬의 예 $I_3 = \begin{bmatrix} 1 & 0 & 0 \\ 0 & 1 & 0 \\ 0 & 0 & 1 \end{bmatrix}$

파이썬 활용하기

```
import numpy as np
# 3차 항등 행렬 생성
identity_matrix = np.eye(3)
# 결과 출력
print("3차 항등 행렬:")
print(identity_matrix)
```

```
3차 항등 행렬:
[[1. 0. 0.]
 [0. 1. 0.]
 [0. 0. 1.]]
```

Example 차수가 3인 항등행렬의 예

$$A=\begin{bmatrix}2&3&2\\4&2&3\\2&1&1\end{bmatrix}\text{이면 } AI=\begin{bmatrix}2&3&2\\4&2&3\\2&1&1\end{bmatrix}\begin{bmatrix}1&0&0\\0&1&0\\0&0&1\end{bmatrix}=\begin{bmatrix}2&3&2\\4&2&3\\2&1&1\end{bmatrix}=A$$

물론 IA = A도 성립한다(곱의 계산방법은 후에 다루기로 한다).

5.2.4 영행렬

행렬의 모든 원소가 0인 행렬을 영행렬(zero matrix)이라 하며, 정방행렬일 필요는 없다. 셀의 모든 값이 1인 행렬을 1(one) 행렬이라 한다.

Example 차수가 3×4 인 영행렬의 예 $O_{3\times 4}=\begin{bmatrix}0&0&0&0\\0&0&0&0\\0&0&0&0\end{bmatrix}$

파이썬 활용하기

```
import numpy as np
# 3×4 차원 영행렬 생성
zero_matrix = np.zeros((3, 4))
# 결과 출력
print("3×4 차원 영행렬:")
print(zero_matrix)
```

```
3x4 차원 영행렬:
[[0. 0. 0. 0.]
 [0. 0. 0. 0.]
 [0. 0. 0. 0.]]
```

5.3 기초연산

5.3.1 동일

(1)차수가 동일하고 (2)대응 원소가 같으면 두 행렬은 동일(equal)하다고 한다. 즉 $A = B$ 이면 $a_{ij} = b_{ij}$, $for \quad all \quad i, j$ 이다.

Example $A = \begin{bmatrix} 1 & 2 \\ 3 & -1 \end{bmatrix}$, $B = \begin{bmatrix} 1 & 2 \\ 3 & -1 \end{bmatrix}$, $C = \begin{bmatrix} 1 & 2 & 2 \\ 3 & -1 & 1 \end{bmatrix}$ 인 경우 $A = B$ 이나 $A \neq C$ 이다.

5.3.2 전치

행의 원소를 열로 보내고 열의 원소를 행으로 보내어 만들어진 행렬을 전치행렬이라 하고 이 과정을 전치(transpose)라 하다. 행렬 $X_{n \times p}$ 의 전치행렬은 $X'_{p \times n}$ 이고 차수는 ($p \times n$)이다. 이를 간편 기호로 나타내면 다음과 같다.

$$X' = \{x_{ji}\}$$

Example $X_{4 \times 3} = \begin{bmatrix} 2 & 3 & 2 \\ 4 & 2 & 3 \\ 2 & 1 & 1 \\ 5 & 2 & 2 \end{bmatrix}$ 의 전치행렬 $X'_{3 \times 4}$ 을 구하면 $X'_{3 \times 4} = \begin{bmatrix} 2 & 4 & 2 & 5 \\ 3 & 2 & 1 & 2 \\ 2 & 3 & 1 & 2 \end{bmatrix}$

파이썬 활용하기

```
import numpy as np
# 리스트를 사용하여 행렬 생성
matrix_a = np.array([[2,3,2], [4, 2, 3], [2, 1, 1]])
print("행렬 A \n",matrix_a,"\n 전치행렬 \n" ,np.transpose(matrix_a))
```

```
행렬 A
 [[2 3 2]
```

[4 2 3]
[2 1 1]]
전치행렬
[[2 4 2]
[3 2 1]
[2 3 1]]

Example 열 벡터 $\underline{x} = \begin{bmatrix} 2 \\ 4 \\ 2 \end{bmatrix}$의 전치는 행 벡터 $\underline{x}' = \begin{bmatrix} 2 & 4 & 2 \end{bmatrix}$이다.

Example 행 벡터 $\underline{x}' = \begin{bmatrix} 1 & -1 & 0 \end{bmatrix}$의 전치는 열 벡터 $\underline{x} = \begin{bmatrix} 1 \\ -1 \\ 0 \end{bmatrix}$이다.

•• 대치 성질

(1) $(A')' = A$

5.3.3 대칭행렬

행렬과 전치행렬이 동일한 행렬, 즉 $A = A'(\Leftrightarrow \{a_{ij}\} = \{a_{ji}\})$인 경우 행렬 A를 대칭행렬(systematic matrix)이라 한다. 대칭행렬이 되려면 반드시 정방행렬이어야 한다.

Example $A_{3\times3} = \begin{bmatrix} 2 & 4 & 2 \\ 4 & 2 & 3 \\ 2 & 3 & 1 \end{bmatrix}$은 대칭행렬이다.

Example 항등행렬과 대각행렬은 대칭행렬이다.

5.4 합 연산

행렬의 합을 구하는 경우 두 행렬의 차수는 동일해야 하며(conformable for addition: 합 연산 적합) 각 행렬에서 대응하는 원소들의 합을 그 위치에 적으면 된다.

$$A_{n\times p}+B_{n\times p}=\{a_{ij}\}+\{b_{ij}\}=\begin{bmatrix} a_{11}\ a_{12}\ \dots\ a_{1p} \\ a_{21}\ a_{22}\ \dots\ a_{2p} \\ \dots\dots\dots a_{ij}\dots\dots \\ a_{n1}\ a_{n2}\ \dots\ a_{np} \end{bmatrix}+\begin{bmatrix} b_{11}\ b_{12}\dots b_{1p} \\ a_{21}\ b_{22}\dots b_{2p} \\ \dots\dots\dots b_{ij}\dots\dots \\ b_{n1}\ b_{n2}\dots b_{np} \end{bmatrix}=\begin{bmatrix} a_{11}+b_{11}\ a_{12}+b_{12}\dots \\ a_{21}+b_{21}\ a_{22}+b_{22}\dots \\ \dots\dots\dots\dots\dots \\ a_{n1}+b_{n1}\ a_{n2}+b_{n2}\dots \end{bmatrix}$$

Example A, B에 대해 A+B를 구하라.

$$A=\begin{bmatrix} 2 & 4 & 2 \\ 4 & 2 & 3 \end{bmatrix},\quad B=\begin{bmatrix} -2 & 1 & 2 \\ 4 & -2 & 0 \end{bmatrix} \rightarrow A+B=\begin{bmatrix} 0 & 5 & 4 \\ 8 & 0 & 3 \end{bmatrix}$$

파이썬 활용하기

```
import numpy as np
# 두 행렬 생성
matrix_A = np.array([[2, 4, 2],[4, 2, 3]])
matrix_B = np.array([[-2, 1, 2],[4, -2, 0]])
result_matrix=matrix_A + matrix_B
print("\n행렬 A와 B의 합:")
print(result_matrix)
```

```
행렬 A와 B의 합:
[[0 5 4]
 [8 0 3]]
```

Example 벡터 $\underline{a}$, $\underline{b}$에 대해 A+B를 구하시오.

$$\underline{a}=\begin{bmatrix} 2 \\ 4 \end{bmatrix},\quad \underline{b}=\begin{bmatrix} -2 \\ 4 \end{bmatrix} \rightarrow \underline{a}+\underline{b}=\begin{bmatrix} 0 \\ 8 \end{bmatrix}$$

•• 합 성질

(1) $(A+B)'=A'+B'$ 단, 행렬 A, B는 합의 연산이 적합하다.

(2) $tr(A+B)=tr(A)+tr(B)$ 단, 행렬 A와 B는 차수가 같은 정방행렬이다.

(3) 결합법칙(associate law): $(A+B)+C=A+(B+C)$

5.5 곱 연산

두 벡터를 곱하기 위하여 (열 벡터)×(행 벡터), (행 벡터)×(열 벡터)만 가능하다. 이는 곱의 적합 조건 때문이다. 행렬에서 곱의 적합 조건은 앞 행렬(벡터)의 열의 차수와 뒤 행렬 행의 차수가 동일해야 한다. 곱의 결과는 (앞 행렬의 행 차수)×(뒤 행렬의 열의 차수)인 행렬(벡터, 스칼라)이다. [i 번째 행]×[j 번째 열]=[(i, j) 원소]

5.5.1 (행 벡터)×(열 벡터)

벡터의 곱은 앞 벡터의 열의 원소와 대응하는 뒤 벡터의 행의 원소의 곱을 더한 값을 적으면 된다. 곱이 가능하기 위해서는 앞 행의 차수와 열의 차수는 같아야 하며 행 벡터(1×p 행렬)와 열 벡터(p×1 행렬) 곱은 스칼라(1×1 행렬)이다.

$$\underline{a}'\underline{x}=\begin{bmatrix} a_1 & a_2 \ldots a_p \end{bmatrix}\begin{bmatrix} x_1 \\ x_2 \\ \vdots \\ x_p \end{bmatrix}=a_1x_1+a_2x_2+\ldots+a_px_p=\sum_{i=1}^{p}a_ix_i$$

Example $\underline{a}=\begin{bmatrix} 1 \\ 2 \\ 3 \end{bmatrix}$, $\underline{x}=\begin{bmatrix} 1 \\ 0 \\ -1 \end{bmatrix}$ 이면

$$\underline{a}'\underline{x}=\begin{bmatrix} 1 & 2 & 3 \end{bmatrix}_{1\times3}\begin{bmatrix} 1 \\ 0 \\ -1 \end{bmatrix}_{3\times1}=1\times1+2\times0+3\times(-1)=-2$$

파이썬 활용하기

```
import numpy as np
# 두 벡터 생성
vector_a = np.array([1, 2, 3])
vector_x = np.array([1, 0, -1])
# 벡터 내적
dot_product = np.dot(np.transpose(vector_a), vector_x)
print("벡터 A와 B의 내적:", dot_product)
```

벡터 A와 B의 내적: -2

5.5.2 (열 벡터)×(행 벡터)

열 벡터 열 원소와 행 벡터의 행 원소의 곱을 (앞의 열 벡터 원소 위치) 행, (뒤의 행 벡터 원수 위치) 열로 하여 행렬을 만든다. 앞의 열 벡터와 차수와 뒤 열 벡터 차수는 같을 필요가 없다. 결과는 $(n \times p)$행렬이다.

$$\underline{a}\underline{x}' = \begin{bmatrix} a_1 \\ a_2 \\ \vdots \\ a_n \end{bmatrix} \begin{bmatrix} x_1 & x_2 \ldots x_p \end{bmatrix} = \begin{bmatrix} a_1x_1 & a_1x_2 \cdots a_1x_p \\ a_2x_1 & a_2x_2 \cdots a_2x_p \\ \vdots & \\ a_nx_1 & a_nx_2 \cdots a_nx_p \end{bmatrix}_{n \times p}$$

Example $\underline{a} = \begin{bmatrix} 2 \\ 4 \\ 2 \end{bmatrix}$, $\underline{b} = \begin{bmatrix} -1 \\ 2 \\ 0 \\ 1 \end{bmatrix}$, $\underline{x} = \begin{bmatrix} -1 \\ 0 \\ 2 \end{bmatrix}$에서 $\underline{a}'\underline{x}$와 $\underline{a}\underline{b}'$를 구하시오.

$$\underline{a}'\underline{x} = \begin{bmatrix} 2 & 4 & 2 \end{bmatrix} \begin{bmatrix} -1 \\ 0 \\ 2 \end{bmatrix} = -2+0+4=2, \quad \underline{a}\underline{b}' = \begin{bmatrix} 2 \\ 4 \\ 2 \end{bmatrix} \begin{bmatrix} -1 & 2 & 0 & 1 \end{bmatrix} = \begin{bmatrix} -2 & 4 & 0 & 2 \\ -4 & 8 & 0 & 4 \\ -2 & 4 & 0 & 2 \end{bmatrix}$$

파이썬 활용하기

```
import numpy as np
# 두 벡터 생성
vector_a = np.array([2, 4, 2]).reshape(3,1)
vector_b = np.array([-1, 2, 0, 1]).reshape(4,1)
vector_x = np.array([-1, 0, 2]).reshape(3,1)
# 벡터 내적
np.dot(np.transpose(vector_a), vector_x), np.dot(vector_a,
np.transpose(vector_b))
```

```
(array([[2]]),
 array([[-2, 4, 0, 2],
        [-4, 8, 0, 4],
        [-2, 4, 0, 2]]))
```

그러나 $\underline{a}\underline{x}'$ 나 $\underline{a}'\underline{b}$ 는 성립하지 않는다. 행렬(벡터)에 스칼라를 곱한다는 것은 모든 원소에 스칼라 배를 하는 것을 의미한다.

Example $3\begin{bmatrix} 1 & 2 \\ -1 & 0 \end{bmatrix} = \begin{bmatrix} 3 & 6 \\ -3 & 0 \end{bmatrix}$, $-2\begin{bmatrix} -1 \\ 0 \\ 2 \end{bmatrix} = \begin{bmatrix} 2 \\ 0 \\ -4 \end{bmatrix}$

파이썬 활용하기

```
import numpy as np
# 리스트를 사용하여 행렬 생성
matrix_a = np.array([[1,2], [-1,0]])
vector_b = np.array([-1,0,2]).reshape(3,1)
#스칼라x행렬
3*matrix_a, -2*vector_b
```

```
(array([[ 3, 6],
        [-3, 0]]),
 array([[ 2],
        [ 0],
        [-4]]))
```

5.5.3 (벡터)×(행렬) 혹은 (행렬)×(벡터)

벡터와 행렬을 곱하기 위해서는 앞의 행렬(벡터)의 열의 차수와 뒤 행렬(벡터)의 행렬의 행의 차수는 동일해야 한다. 계산된 행렬의 차수는 앞에 곱해진 벡터(행렬)의 행의 차수와 뒤의 행렬(벡터)의 열의 차수이다.

벡터 $\underline{a} = \begin{bmatrix} a_1 \\ a_2 \\ \vdots \\ a_n \end{bmatrix}$ 와 행렬 $X_{n \times p} = \begin{bmatrix} x_{11}\ x_{12} \dots x_{1p} \\ x_{21}\ x_{22} \dots x_{2p} \\ \dots\dots\dots x_{ij} \dots\dots \\ x_{n1}\ x_{n2} \dots x_{np} \end{bmatrix}$ 에서 $\underline{a}'X$ 은 다음과 같다.

$$\underline{a}'X = \begin{bmatrix} a_1 & a_2 \dots a_n \end{bmatrix} \begin{bmatrix} x_{11}\ x_{12} \dots x_{1p} \\ x_{21}\ x_{22} \dots x_{2p} \\ \dots\dots\dots x_{ij} \dots\dots \\ x_{n1}\ x_{n2} \dots x_{np} \end{bmatrix} = \{\sum_{i=1}^{n} a_i x_{ij}\}_{n \times p}$$

만약 $n \neq p$ 이면, $X\underline{a}$ 혹은 $X\underline{a}'$ 은 존재하지 않는다.

Example $\underline{a} = \begin{bmatrix} 2 \\ 4 \end{bmatrix}$, $X = \begin{bmatrix} 1 & 0 & -1 \\ 2 & 3 & 1 \end{bmatrix}$ 인 경우 $\underline{a}'X = \begin{bmatrix} 2 & 4 \end{bmatrix} \begin{bmatrix} 1 & 0 & -1 \\ 2 & 3 & 1 \end{bmatrix} = \begin{bmatrix} 10 & 12 & 2 \end{bmatrix}$

Example $\underline{a} = \begin{bmatrix} 2 \\ 4 \\ 1 \end{bmatrix}$, $X = \begin{bmatrix} 1 & 0 & -1 \\ 2 & 3 & 1 \end{bmatrix}$ 인 경우 $X\underline{a} = \begin{bmatrix} 1 & 0 & -1 \\ 2 & 3 & 1 \end{bmatrix} \begin{bmatrix} 2 \\ 4 \\ 1 \end{bmatrix} = \begin{bmatrix} 1 & 17 \end{bmatrix}$ 이다.

그러나 $\mathrm{X}a'$ 혹은 $\underline{a}\mathrm{X}$ 은 존재하지 않는다.

파이썬 활용하기

```
import numpy as np
# 두 벡터 생성
vector_a = np.array([2, 4, 1]).reshape(3,1)
matrix_x = np.array([[1,0,-1], [2,3,1]])
# 벡터 내적
np.dot(matrix_x,vector_a)
```

```
array([[ 1],
       [17]])
```

5.5.4 (행렬)×(행렬)

앞 행렬의 열의 차수와 뒤 행렬의 행의 차수가 동일해야 행렬의 곱이 성립하며, 결과는 앞 행렬의 행의 차수와 뒤 행렬의 열의 차수가 된다.

행렬 $A_{n\times p} = \begin{bmatrix} a_{11}\ a_{12}\ \cdots\ a_{1p} \\ a_{21}\ a_{22} \cdots a_{2p} \\ \cdots\cdots\cdots a_{ij} \cdots\cdots\cdots \\ a_{n1}\ a_{n2} \cdots a_{np} \end{bmatrix}$, $B_{p\times q} = \begin{bmatrix} b_{11}\ b_{12} \cdots b_{1q} \\ b_{21}\ b_{22} \cdots b_{2q} \\ \cdots\cdots\cdots b_{ij} \cdots\cdots\cdots \\ b_{p1}\ b_{p2} \cdots b_{pq} \end{bmatrix}$에 대해 $AB_{n\times q}$는 다음과 같이 표현된다.

$$AB_{n\times q} = \begin{bmatrix} a_{11}b_{11} + a_{12}b_{21} + \cdots + a_{1p}b_{p1} & \cdots & a_{11}b_{1q} + a_{12}b_{2q} + \cdots + a_{1p}b_{pq} \\ \vdots & \vdots & \vdots \\ a_{n1}b_{11} + a_{n2}b_{21} + \cdots + a_{np}b_{p1} & \cdots & a_{n1}b_{1q} + a_{n2}b_{2q} + \cdots + a_{np}b_{pq} \end{bmatrix}$$

이를 간편 기호로 표현하면 $AB = \left\{ \sum_{k=1}^{p} a_{ik}b_{kj} \right\}$이고, AB의 차수는 $n\times q$ 이다.

Example 두 행렬의 곱을 구하시오(AB, BA는 성립하지 않는다).

$$A = \begin{bmatrix} 2 & 0 \\ 1 & 1 \\ 0 & 2 \end{bmatrix},\quad B = \begin{bmatrix} 1 & 0 \\ 0 & 1 \\ 1 & 1 \end{bmatrix}$$

$$A'B = \begin{bmatrix} 2 & 1 & 0 \\ 0 & 1 & 2 \end{bmatrix} \begin{bmatrix} 1 & 0 \\ 0 & 1 \\ 1 & 1 \end{bmatrix} = \begin{bmatrix} 2 & 1 \\ 2 & 3 \end{bmatrix} \neq B'A = \begin{bmatrix} 1 & 0 & 1 \\ 0 & 1 & 1 \end{bmatrix} \begin{bmatrix} 2 & 0 \\ 1 & 1 \\ 0 & 2 \end{bmatrix} = \begin{bmatrix} 2 & 2 \\ 1 & 3 \end{bmatrix}$$

파이썬 활용하기

```
import numpy as np
# 두 행렬 생성
matrix_A = np.array([[2,0],[1,1],[0,2]])
matrix_B = np.array([[1,0],[0,1],[1,1]])
print("A'B: ",np.dot(np.transpose(matrix_A),matrix_B),"\n B'A:",np.dot(np.
transpose(matrix_B),matrix_A))
```

```
A'B: [[2 1]
      [2 3]]
B'A: [[2 2]
      [1 3]]
```

5.5.5 곱 관련 성질

** 곱 성질 $A_{n \times p}$, $B_{p \times q}$

(1) BA의 연산이 가능하더라도 일반적으로 $AB \neq BA$이다.

(2) $(AB)' = B'A'$이 성립한다(단 곱의 연산이 적합한 경우 가능하다).

(3) A, B가 대칭행렬이면 $(AB)' = B'A' = BA$

(4) $tr(AB) = tr(BA)$ 단, AB가 정방행렬일 때만 성립한다.

** 곱 연산법칙

(1) 결합법칙(Associate law): $(A+B)+C = A+(B+C)$, $(AB)C = A(BC) = ABC$

(2) 배분법칙(Distribution law): $A(B+C) = AB + AC$

(3) 교환법칙(Communication law): $(A+B) = (B+A)$

** 멱등행렬

$M^2 = MM = M$ 이면 행렬 M은 멱등행렬(idempotent matrix)이다.

M 이 멱등행렬이면 $M^k = M$ (k 는 양의 정수)이 성립한다.

** 항등벡터

$\underline{e}_i = \begin{bmatrix} 0 \\ 0 \\ 1 \\ 0 \\ \vdots \\ 0 \end{bmatrix}$ (i 번째 원소만 1)를 항등벡터(elementary vector)라고 한다. 즉, 항등벡터는 벡터 원소 중 i 번째 원소만 1이고 나머지는 0인 벡터이다. 항등행렬을 항등벡터로 표현하면 $I_n = \sum_{i=1}^{n} \underline{e}_i \underline{e}'_i$ 이고, $\underline{e}'_i \underline{e} = 1$ 이다.

•• 항등 원소가 1인 벡터와 행렬

$$\underline{1}_n = \begin{bmatrix} 1 \\ 1 \\ \ldots \\ 1 \end{bmatrix},\ J_n = 1_n = \begin{bmatrix} 1 & 1 & 1 \ldots 1 \\ 1 & 1 & 1 \ldots 1 \\ \ldots & & \\ 1 & 1 & 1 \ldots 1 \end{bmatrix} = \underline{1}_n \underline{1}_n',$$ 그리고 $\underline{1}'\underline{1} = n$ 이다.

•• 직교행렬

$AA' = A'A = I$ 이면 행렬 A 는 직교행렬(orthogonal matrix)이라 한다.

5.6 나누기 연산

앞에서는 행렬의 합, 빼기, 곱에 대해 설명하였으나 나누기에 대한 연산은 언급하지 않았다. 행렬의 나누기 연산이 바로 역행렬(inverse matrix)을 구하는 것이다. 정방행렬일 경우만 역행렬을 논의할 수 있다.

5.6.1 행렬식

차수가 2일 경우: $A = \begin{bmatrix} a & b \\ c & d \end{bmatrix} \rightarrow |A| = ad - bc$

행렬 $A = \begin{bmatrix} 7 & 3 \\ 4 & 6 \end{bmatrix}$의 행렬식(Determinant)은 $|A| = 7 \times 6 - 3 \times 4 = 30$ (scalar이다)

차수가 3일 경우:

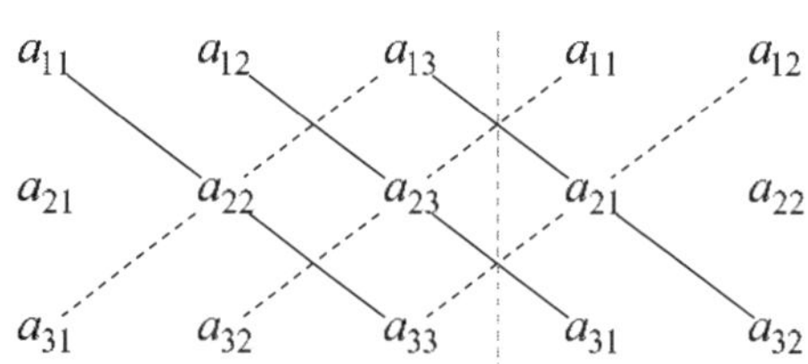

$A = \begin{bmatrix} 1 & 2 & 3 \\ 4 & 5 & 7 \\ 8 & 9 & 10 \end{bmatrix}$ 의 행렬식은

$$|A| = 1*5*10 + 2*7*8 + 3*4*9 - 3*5*8 - 1*7*9 - 2*4*10 = 7$$

$$|A| = 1(-1)^{1+1}\begin{vmatrix}5 & 7\\7 & 10\end{vmatrix} + 2(-1)^{1+2}\begin{vmatrix}4 & 7\\8 & 10\end{vmatrix} + 3(-1)^{1+3}\begin{vmatrix}4 & 5\\8 & 9\end{vmatrix} = 7 \text{ 혹은}$$

$$|A| = 4(-1)^{2+1}\begin{vmatrix}2 & 3\\9 & 10\end{vmatrix} + 5(-1)^{2+2}\begin{vmatrix}1 & 3\\8 & 10\end{vmatrix} + 7(-1)^{2+3}\begin{vmatrix}1 & 2\\8 & 9\end{vmatrix} = 7 \text{ (2번째 행을 이용) 혹은}$$

$$|A| = 1(-1)^{1+1}\begin{vmatrix}5 & 7\\9 & 10\end{vmatrix} + 4(-1)^{2+1}\begin{vmatrix}2 & 3\\9 & 10\end{vmatrix} + 8(-1)^{3+1}\begin{vmatrix}2 & 3\\5 & 7\end{vmatrix} = 7 \text{ (1번째 열 이용) 모두 동일}$$

이를 확장하면 차수 n의 행렬의 행렬식은 다음과 같다.

$$|A| = \sum_{i=1}^{n} a_{ij}(-1)^{i+j}|M_{ij}| = \sum_{j=1}^{n} a_{ij}(-1)^{i+j}|M_{ij}|$$

$|M_{ij}|$를 minor라 하고 $(-1)^{i+j}|M_{ij}|$을 cofactor라 한다.

파이썬 활용하기

```
import numpy as np
# 2×2 정사각행렬 생성
matrix = np.array([[1,2,3],[4,5,7],[8,9,10]])
# 행렬식 계산
determinant = np.linalg.det(matrix)
print("\n행렬식 (Determinant): ", round(determinant,2))
```

행렬식 (Determinant): 7.0

5.6.2 행렬식 성질

(1) $|A'| = |A|$, $|AB| = |A||B|$, $|AB| = |BA|$

(2) 행렬 A의 두 행이 같으면 행렬식은 0이다.

(3) 한 행(열)의 상수를 곱하여 다른 행에 더해도 행렬식 값은 변하지 않는다.

(4) 한 행(열)을 다른 행들의 선형 결합으로 표현할 수 있으면 행렬식의 값은 0이다.
(예: 다중공선성)

5.6.3 역행렬

정방행렬 A에서 $AB = BA = I$ 를 만족하는 행렬 B를 A의 역행렬이라 하고 A^{-1} 로 나타낸다.

$A^{-1} = \frac{1}{|A|} adjA = \frac{1}{|A|}$[A 원소를 cofactor로 대치] 간단한 예를 들어 설명하기로 한다.

$$A = \begin{bmatrix} 1 & 2 \\ 3 & 4 \end{bmatrix} \rightarrow |A| = 1 \times 4 - 2 \times 3 = -2$$

$$adjA = \begin{bmatrix} (-1)^{1+1}4 & (-1)^{1+2}3 \\ (-1)^{2+1}2 & (-1)^{2+2}1 \end{bmatrix}' = \begin{bmatrix} 4 & -3 \\ -2 & 1 \end{bmatrix}' = \begin{bmatrix} 4 & -2 \\ -3 & 1 \end{bmatrix}$$

$$A^{-1} = \frac{1}{-2}\begin{bmatrix} 4 & -2 \\ -3 & 1 \end{bmatrix} = \begin{bmatrix} -2 & 1 \\ 3/2 & -1/2 \end{bmatrix}$$

$$AA^{-1} = \begin{bmatrix} 1 & 2 \\ 3 & 4 \end{bmatrix}\begin{bmatrix} -2 & 1 \\ 3/2 & -1/2 \end{bmatrix} = \begin{bmatrix} 1 & 0 \\ 0 & 1 \end{bmatrix} = I_2, \quad A^{-1}A = \begin{bmatrix} -2 & 1 \\ 3/2 & -1/2 \end{bmatrix}\begin{bmatrix} 1 & 2 \\ 3 & 4 \end{bmatrix} = I_2$$

역 행렬이 존재하려면 (1) 정방행렬이고, (2) 행렬식이 0이 아니어야 한다.

파이썬 활용하기

```
import numpy as np
# 정사각행렬 생성
matrix = np.array([[1, 2],[3, 4]])
# 역행렬 계산
print("역행렬:", np.linalg.inv(matrix))
```

```
역행렬: [[-2.  1. ]
 [ 1.5 -0.5]]
```

•• 연립방정식

$2u - 2v - w = 5$
$u + v - 2w = 1$ 을 행렬로 표시하면 $A\underline{x} = \underline{b} \Leftrightarrow \begin{bmatrix} 2 & 2 & -1 \\ 1 & 1 & -2 \\ 1 & 0 & -1 \end{bmatrix}\begin{bmatrix} u \\ v \\ w \end{bmatrix} = \begin{bmatrix} 5 \\ 1 \\ 4 \end{bmatrix}$ 와 같다. 연립
$u - w = 4$

방정식의 해는 $A^{-1}A\underline{x} = A^{-1}\underline{b} \Rightarrow I\underline{x} = A^{-1}\underline{b} \Rightarrow \underline{x} = A^{-1}\underline{b}$ 이다. 행렬 A의 역행렬만 구

하면 해를 구할 수 있다.

파이썬 활용하기

```
import numpy as np
# 행렬 생성
matrix_A = np.array([[2,2,-1],[1,1,-2],[1,0,-1]])
vector_b = np.array([5,1,4]).reshape(3,1)
# 역행렬 계산
print("방정식 해:", np.dot(np.linalg.inv(matrix_A),vector_b))
```

```
방정식 해: [[ 5.]
           [-2.]
           [ 1.]]
```

** 역행렬 성질

(1) 역행렬은 단 하나만 존재(unique)한다.

(1) $|A^{-1}|=1/|A|$, $(A^{-1})^{-1}=A$, $(A')^{-1}=(A^{-1})'$, $(AB)^{-1}=B^{-1}A^{-1}$

5.7 통계학 이용

회귀 모형: $\underline{y}=X\underline{b}+\underline{e} \Rightarrow \begin{bmatrix} y_1 \\ y_2 \\ \vdots \\ y_n \end{bmatrix} = \begin{bmatrix} 1 & x_{11} & x_{12} & \dots & x_{1p} \\ 1 & x_{21} & x_{22} & \dots & x_{2p} \\ & & \vdots & & \\ 1 & x_{n1} & x_{n2} & \dots & x_{np} \end{bmatrix} \begin{bmatrix} a \\ b_1 \\ b_2 \\ \vdots \\ b_p \end{bmatrix} + \begin{bmatrix} e_1 \\ e_2 \\ \vdots \\ e_n \end{bmatrix}$

$$\min_{\underline{b}} \sum_{i=1}^{n} e_i^2 = \min_{\underline{b}} \underline{e}'\underline{e} = \min_{\underline{b}} (\underline{y}-X\underline{b})'(\underline{y}-X\underline{b}) = \min_{\underline{b}} (\underline{y}'\underline{y}-\underline{y}'X\underline{b}-\underline{b}'X'\underline{y}+\underline{b}'X'X\underline{b})$$

위를 $\underline{b}$ 에 대해 미분하면 $X'X\hat{\underline{b}}=X'\underline{y}$ 이므로 $\hat{\underline{b}}=(X'X)^{-1}X'\underline{y}$

[정의] $H = X(X'X)^{-1}X'$를 Hat 행렬이라 한다.

[정의] $AA = A$을 만족하는 행렬을 멱등행렬(idempotent)이라 한다.

[정리] Hat 행렬은 대칭행렬이며 멱등행렬이다.

(증명) $HH = X(X'X)^{-1}X'X(X'X)^{-1}X' = X(X'X)^{-1}X' = H$이다.

$H' = [X(X'X)^{-1}X']' = X(X'X)^{-1}X' = H$ 이다.

적합치(fitted value) $\underline{\hat{y}} = H\underline{y}$

잔차(residuals) $\underline{\hat{e}} = (I - H)\underline{y}$

변동분해

총변동 : $SST = \sum(y_i - \bar{y})^2 = \underline{y}'(I - (\frac{1}{n})J)\underline{y}$

오차변동 : $SSE = \underline{y}'(\mathrm{I} - \mathrm{H})\underline{y}$

회귀변동 : $SSR = \underline{y}'(\mathrm{H} - (\frac{1}{n})J)\underline{y}$

·· 행렬미분

상수 벡터 $\underline{a} = \begin{bmatrix} a_1 \\ a_2 \\ \vdots \\ a_p \end{bmatrix}$, 확률변수 벡터 $\underline{x} = \begin{bmatrix} x_1 \\ x_2 \\ \vdots \\ x_p \end{bmatrix}$라 하면

(1) $\frac{\partial}{\partial \underline{x}}(\underline{a}'\underline{x}) = \underline{a}$

(2) $\frac{\partial}{\partial \underline{x}}(\underline{x}'\underline{a}) = \underline{a}$

(3) $\frac{\partial}{\partial \underline{x}}(\underline{x}'A\underline{x}) = A\underline{x} + A'\underline{x}$ (A는 정방행렬)

(4) 만약 A가 대칭행렬이면 $\frac{\partial}{\partial \underline{x}}(\underline{x}'A\underline{x}) = 2A\underline{x}$

·· 단순 회귀분석

Id	Y	X
1	3	1
2	7	3
3	11	5

4	13	7
5	17	9
6	20	10

파이썬 활용하기

```
# 모듈(패키지) 이용
import numpy as np
from scipy import stats
import matplotlib.pyplot as plt
# 데이터
x = np.array([1, 3, 5, 7, 9, 10])
y = np.array([3, 7, 11, 13, 17, 20])
# 회귀 분석 수행
slope, intercept, r_value, p_value, std_err = stats.linregress(x, y)
# 회귀직선 방정식 출력
print(f"회귀직선: y = {slope:.2f}x + {intercept:.2f}")
print(f"결정계수(R^2): {r_value**2:.4f}")
# 데이터와 회귀직선 그래프 그리기
plt.scatter(x, y, color='blue', label='Data')
plt.plot(x, slope * x + intercept, color='red', label=f'y={slope:.2f}x +
{intercept:.2f}')
plt.xlabel('x')
plt.ylabel('y')
plt.title('Linear Regression')
plt.legend()
plt.grid(True)
plt.show()
```

```
회귀직선: y = 1.79x + 1.40
결정계수(R^2): 0.9892
```

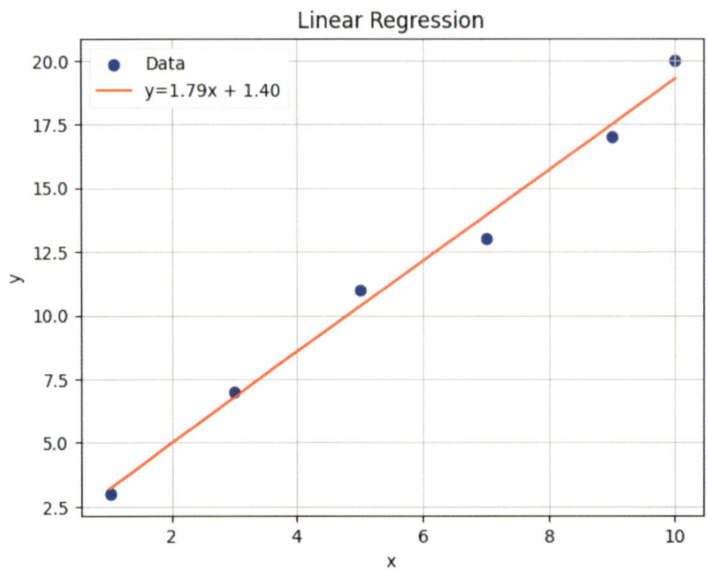

파이썬 활용하기

```
# 행렬식 이용
import numpy as np
import matplotlib.pyplot as plt
# 데이터
x = np.array([1, 3, 5, 7, 9, 10])
y = np.array([3, 7, 11, 13, 17, 20])
# 행렬 X를 생성 (상수항 추가)
X = np.vstack([np.ones(len(x)), x]).T  # X 행렬의 첫 열에 1(상수항)을 추가
# 정규 방정식을 사용하여 회귀 계수 계산
beta = np.linalg.inv(X.T @ X) @ X.T @ y
# 기울기와 절편
beta_0, beta_1 = beta
print(f"절편 (β_0): {beta_0:.2f}")
print(f"기울기 (β_1): {beta_1:.2f}")
# 결정계수 (R^2) 계산
ss_res = np.sum((y - y_pred) ** 2)  # Residual Sum of Squares (RSS)
ss_tot = np.sum((y - np.mean(y)) ** 2)  # Total Sum of Squares (TSS)
r_squared = 1 - (ss_res / ss_tot)
print(f"결정계수 (R^2): {r_squared:.4f}")
```

```
# 예측 값 계산
y_pred = X @ beta
# 데이터와 회귀직선 시각화
plt.scatter(x, y, color='blue', label='Data')
plt.plot(x, y_pred, color='red', label=f'y = {beta_1:.2f}x +
{beta_0:.2f}')
plt.xlabel('x')
plt.ylabel('y')
plt.title('Linear Regression (Matrix Calculation)')
plt.legend()
plt.grid(True)
plt.show()
```

절편 (β_0): 1.40
기울기 (β_1): 1.79
결정계수 (R^2): 0.9892

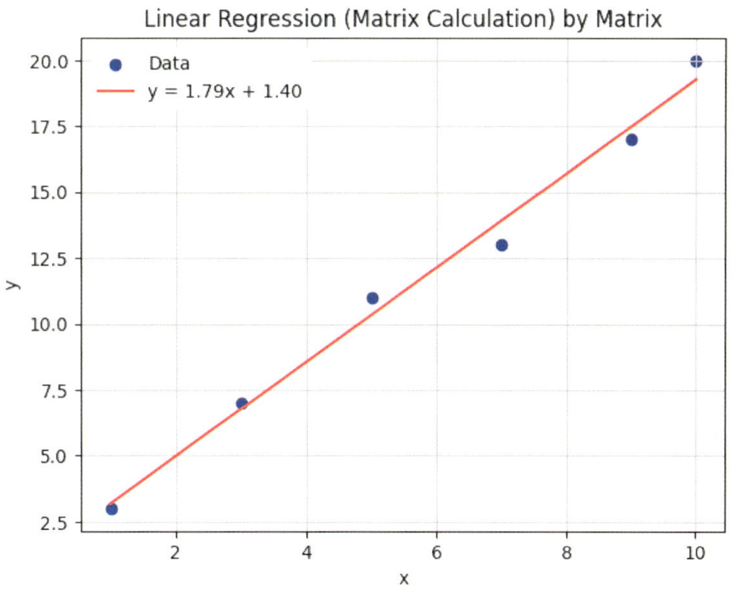

5.7.1 역행렬 성질

(1) 역행렬은 unique하다.

(2) $|A^{-1}| = 1/|A|$, $(A^{-1})^{-1} = A$, $(A')^{-1} = (A^{-1})'$, $(AB)^{-1} = B^{-1}A^{-1}$

•• 계수와 역행렬

행렬의 계수(rank)는 행렬에서 선형독립인 행(그리고 열)의 수이고 $rank(A)$로 표현한다.

[정의] LIN(linearly independent vector): $a_1\underline{x}_1 + a_2\underline{x}_2 + ... + a_p\underline{x}_p = \underline{0}$가 모든 $a_i = 0$일 때만 만족한다면 벡터 $\underline{x}_1, \underline{x}_2 ..., \underline{x}_p$는 선형독립(linearly independent) 벡터라 하고, 0이 아닌 a_i에 대해서 만족한다면 선형종속(linearly dependent)인 벡터라 한다. 상호 종속인 벡터는 하나의 벡터를 다른 벡터들의 선형 결합으로 표시할 수 있다는 것을 의미한다.

[정의] full rank: (nxn)정방행렬에서 선형독립인 행(열)의 개수($rank(A)$)가 행렬의 차수 n와 같다면 이 행렬은 full-rank 행렬이라 한다. 즉 $rank(A_{n\times n}) = n$이면 full-rank이다. 행렬 $A_{n\times n}$ 대해 다음과 같다.

역행렬이 존재한다.	역행렬이 존재하지 않는다
full-rank이다. rank(A) = n	full-rank아니다. rank(A) < n
A는 non-singular이다.	A는 singular이다.
$\|A\| \neq 0$	$\|A\| = 0$
Ax = b의 해가 존재한다.	Ax = b의 해가 존재하지 않는다.

찾아보기

저자 소개

권세혁
성균관대학교 통계학과 대학원 석사
North Carolina State University 통계학 박사
전자통신연구원, 선임 연구원
현) 한남대학교 창의융합학부 빅데이터전공 교수

파이썬을 이용한 통계수학

저　　자　권세혁
발 행 인　김지영
발 행 처　자유아카데미
주　　소　경기도 파주시 회동길 37-42
　　　　　파주출판도시
전　　화　031-955-1321
팩　　스　031-955-1322
홈페이지　www.freeaca.com
전자우편　main@freeaca.com (대표)
　　　　　editor@freeaca.com (편집)
　　　　　crm@freeaca.com (영업)
등　　록　제406-2003-017호, 1980. 7. 12
제1판1쇄　2025년 3월 15일 발행

저자와의 협의하에 인지생략

ISBN 979-11-5808-699-2 93310